中国白酒品鉴之道

白 酒 品 鉴 文 化 集 萃

泸州老窖股份有限公司 编

四川大学出版社
SICHUAN UNIVERSITY PRESS

项目策划：张艺凡
责任编辑：唐　飞
责任校对：李畅炜
封面设计：天工开物
责任印制：王　炜

图书在版编目（CIP）数据

中国白酒品鉴之道 ：白酒品鉴文化集萃 / 泸州老窖股份有限公司编. — 成都 ：四川大学出版社，2021.3
ISBN 978-7-5614-8513-2

Ⅰ. ①中… Ⅱ. ①泸… Ⅲ. ①泸型酒－鉴赏 Ⅳ. ①TS262.3

中国版本图书馆 CIP 数据核字（2021）第 032795 号

书名　中国白酒品鉴之道——白酒品鉴文化集萃
ZHONGGUO BAIJIU PINJIAN ZHIDAO——BAIJIU PINJIAN WENHUA JICUI

编　　者	泸州老窖股份有限公司
出　　版	四川大学出版社
地　　址	成都市一环路南一段 24 号（610065）
发　　行	四川大学出版社
书　　号	ISBN 978-7-5614-8513-2
印前制作	天工开物
印　　刷	成都市金雅迪彩色印刷有限公司
成品尺寸	192mm×260mm
印　　张	16.125
字　　数	259 千字
版　　次	2021 年 5 月第 1 版
印　　次	2021 年 5 月第 1 次印刷
定　　价	188.00 元

◆ 读者邮购本书，请与本社发行科联系。
电话：(028)85408408/(028)85401670/
(028)86408023　邮政编码：610065
◆ 本社图书如有印装质量问题，请寄回出版社调换。
◆ 网址：http://press.scu.edu.cn

四川大学出版社
微信公众号

序一

酒，聚山川灵气，蕴天地芬芳，承独特文化，寄精神向往，为华夏文明谱写了千年辉煌篇章，也将酒文化演变成了酿造历史、人文情怀、美酒艺术、美酒故事积累的总和。中国是酒的故乡，也是世界上最大的酒类生产国和消费市场。中国酿酒历史源远流长，品种繁多，享誉中外。道法自然，天酿美酒，中国白酒是世界上独一无二的多菌种自然发酵酿造的美酒，更是天人合一的完美体现。

纵观世界各国的美酒，唯中国白酒别具一格。可以说，中国白酒发展史就是中华文化传承的活化石，也是中国人追求美好生活最为真实的写照。因此，白酒文化在奔腾不息的历史长河中，逐渐成为人类文明的重要标志之一。

谈到酒，人们会下意识地谈到酒的历史、酒的文化。但站在中国白酒发展的角度，这些还远远不足。诚然，酒业是传统的守护者，但是时代在进步，社会在变革，唯有在传承中不断创新才有未来。守正乃产业之本，是产业发展的根基，守正方可生存。创新是产业发展的永恒动力，创新方可赢得未来。

这一点，我觉得泸州老窖做得很好，而这也是书中最令我期待的内容。本书既有对酒文化和酿造科学的溯源与解读，又有关于白酒品鉴、品饮审美的创新与实践。在我看来，这是一部兼具专业、文化、美学、艺术收藏价值的行业工具书和白酒品鉴读本。

泸州老窖从白酒品鉴的角度出发，以美的文化和技艺，构建具有中式审美意境的白酒语言，让世界聆听中国白酒故事，是一种白酒消费文化的创新，更是一条值得探讨与尝试的白酒发展之路。随着消费者主权时代的来临，场景消费、深度体验、互动沟通的趋势与需求愈加明显，酒类消费也发生了根本性的转变，探寻美酒故事成了消费者的向往。将创新注入白酒消费体验，可以使消费品位更高、格调更雅、亮点更多；在促进消费的同时，让中国白酒文化传播更广、传承更久。

书中关于中式鸡尾酒的理论体系构建与创新实践，也正是酒业积极倡导与推广的发展方向。鸡尾酒是世界主要烈性酒的重要饮用方式和推广手段之一。推广中国白酒鸡尾酒，就是要用国际化语言，以全新的视觉、味觉冲击，诠释中国白酒古老的艺术魅力；同时，借鉴国际成功经验、中国元素、国际表达，用鸡尾酒向世界讲述中国白酒故事，给世界一个中国式惊喜，探索一条中国白酒国际化的道路。

念兹在兹，此心不逾。我们不能只守望传统，唯有守正与创新并举，才能真正做到对外国际化，对内年轻化，让我们的国之瑰宝香飘世界。

中国酒业协会理事长 宋书玉

2021年1月8日

序二

与泸州老窖相识，那是2012年的事。

在诗酒飘香的泸州，在南国高粱红了的七月，我们一群爱酒之人，体验了一把和农人一起收割高粱。然后，带着一身高粱香，观摩一粒种子到一滴美酒的迢迢历程。

后来，我有幸又去了两次。一次是参加首届国际诗酒文化大会；另一次是2019年应邀为泸州老窖拍摄宣传片，记得临走时，还留了个约定："再过20年，80岁生日时再来泸州老窖品尝好酒。"

与泸州老窖的三次相遇，每一次都会带给我新的体验。就像一杯老酒，每一口都有不同的感受。也正因为这些下意识的"成见"，当听说泸州老窖要出一本关于酒的新书，邀我作序，我便欣然答应了。

待拿到书稿一看，并不都是介绍酒史、酒文化的文字，这反而让我有想看的兴趣。这些文字让我看到了中国白酒的另外一个方面，确切说，是中国白酒的品鉴艺术。原谅我用"艺术"这样的字眼，但中国人的品饮讲究仪礼、风韵等，本就是一门艺术。

作为写作人，有两样东西必不可少，一个是文学，一个就是酒。现实生活如此庸常，以一种不可思议的力量束缚着我们。但文学，给了我们一个更加自由的空间。而酒，给了这处空间更加恣肆、浪漫的灵感。因此，喝酒，不单单是喝酒，而是在气韵生动的品鉴艺术里，有所感，有所悟。这种感悟既可以是停留在感官层面的如痴如醉，也可以是精神层面的拨云见日。

细读这些文字，我看到一个酿酒的企业，对中国优秀传统文化、对中国传统审美的虔诚与创新。书中以白酒品鉴的角度，呈现对中国酒文化的溯源、对中式品饮美学的崇尚，并展示了对中国酒席艺术复原与再创造的实践。我觉得这么做是有意义的，而且也是我喜欢的。古风流韵，传统品饮之美以现代方式复活，活过来，又是一场场情趣动人的当代东方品饮艺术，我认为这样的方式可以继续下去。

著名作家、四川省作协主席 阿来

2020年11月22日

前言

纵观世界文明史，每一个人类文明在从萌芽走向繁荣的过程中，都不约而同地发现并创造了酒，这既是自然馈赠的巧合，也是人类智慧的必然。而作为世界顶级蒸馏酒之一的白酒，是中国古代劳动人民独创的饮品，在延续至今的极其辉煌的中华文明史中，演绎着重要作用。

在文明与酒的千年羁绊中，中国独有的人文风物造就了白酒，而白酒也酝酿了特有的中式文化生活。因而，白酒的品鉴，不只是停留在物质层面的技术参数和口感经验，而是饱含中国气质的大历史观、文化观、艺术观、生活观……

面对如今浩如烟海的酒类著作，本书另辟蹊径，以白酒品鉴为视野，从白酒文化源流、酿造科学与哲学、品饮美学、传承与创新等维度，向国人呈现一个从传统走来、乐活当下、未来无限的中国白酒，一个与中国文化相匹配的、与中式生活美学相呼应的中国白酒。

本书旨在尝试从不同的角度解读中国酒文化，从关于人类文明、中国酒文化的交流探讨中，反观中国白酒的闪光点；立足于中国白酒的品鉴文化，结合泸州老窖的品鉴艺术与自身经验，思考中国酒文化的复兴与中国白酒的传承发展之路。

当翻阅这本书的时候，你会发现，它并不是一部酒史著作，或者是单纯的酒文化科普，反而更像是志同道合的酒客在娓娓相谈之后留下的一本随记。你会发现，白酒品鉴文化本身也很生动、有趣，并非如我们过往印象中那般陈旧、枯燥。它符合当下人们的阅读与审美习惯，是一本年轻人也喜欢的白酒品鉴读本。

探寻中国白酒的渊源与品饮之道，不是单纯地认知中华文明的过去。而今中国，早已脱离农业时代，发展成为三大产业并进的现代文明国家。白酒作为横跨三大产业的特殊存在，其光辉灿烂既是当下中国物质文明的写照，亦是中国精神文明的缩影。科学进步带来更先进的工业生产技术，文明发展赋予中国白酒新的血肉，而古法酿制技艺的口授心传，却延续着数千年中华文明的精神脊梁。

中国白酒的当下，是过去，也是未来。

之兴

之思

目录

之源

之酿

之源

浓香源流，

中国白酒的大历史观

酒，可以说是人类迄今为止所拥有的最具神性和灵性的物质。世界上每一个成熟的文明都有着自己的酒，与各自的风土人情、文化习俗相辅相成，形成风格迥然的品类和文化。

比如葡萄酒，作为西方文明标志之一，传说为耶稣之圣血，曾经在基督教文化中体现着“酒教合一”。达·芬奇的油画《最后的晚餐》中，耶稣吩咐门徒们喝下的就是象征他血液的红葡萄酒。那只传说中耶稣在“最后的晚餐”中使用过的杯子，也成为西方人眼中至高无上的圣杯。

作为四大文明古国之一的中国，最具代表性的主流酒类当然是“白酒”。我们常常说白酒是中华传统文化的载体，这究竟意味着什么？这杯透明无色的酒，从何源起？又如何承先启后，成为一个民族的生活仪轨和情感依托？为什么同为蒸馏酒，白酒和伏特加、威士忌、白兰地、朗姆酒……风味迥异？

世人谈“酒”，往往仅着眼于“酒”本身。其实，就如同中华文化为什么不同于西方文化一样，白酒的历史，也并不只是一部单线程的酿造史。如果我们以更开阔的视野，从文化、思想、艺术、政治、经济等多个维度，将白酒置身于中国传统文化的源流中，去探寻中国白酒的文化起源、历史发展及演变，这将会是一段更有意趣、更值得玩味的旅程……

◎达·芬奇《最后的晚餐》

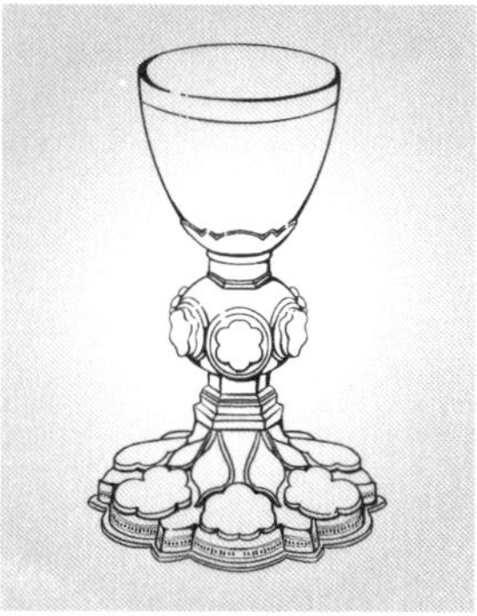

◎圣杯（假想图）

考古学家在河南贾湖遗址发掘出土的陶器碎片上，发现了固体残留物，经过化学检验，他们发现这一残留物内含有酒石酸的成分，换句话说，这件陶器曾经长期用于储存酒，它大概由大米、蜂蜜和水果共同酿造而成。根据碳-14同位素年代测定，它的年代可以追溯到公元前7000年至公元前5800年，这比国外发现的最早的酒还要早1000多年，因此它被公认为世界上最早出现的酒。

这不仅证明了中国是酒的发源地，更标志着大约在10000年前，人类因为这种令人陶醉的饮品，开始从“自然现象”（自然发酵的果子）的发现者，变成了“发酵现象”（酿造）的参与者，并逐渐在发酵与酿造的实践中洞悉造化的玄妙，又从原始经验中逐渐发展出科学技术、人文习俗……从此，每个民族的酿酒，都开始按照各自文明的走向发展。

最终，每个文明都有了自己的酒。而不同的酒也传递了不同的意识形态与族群认同，它们以超越物质和观念的属性，参与着文明的进程……

文明起源于酿造——陶的醉与家味

公元前6000年，河姆渡一处部落正在举行一场巫术礼仪活动。巫师手捧盛满酒的大口陶器，痛饮了一口，手执牛尾，踏着节拍，唱着始祖创造的歌，然后肃穆地望着苍天，喃喃道：“伟大的上苍，赐我万斛（hú）谷粮；威赫的先祖啊，赠我勇武无双。虔诚献上美酒美食，齐天洪福万户普降……”

远古先民们围着篝火，跟随巫师的引导载歌载舞，共度这场盛大的祭祀活动。他们又迷惘，又兴奋，沉醉在酒所营造的神秘莫测又惹人欢喜的狂热中，他们开始幻想，开始追问，开始思索……

他们或许不知道，在篝火的摇曳与醉酒的呢喃中，文明早已款款而来。

汉语中的“文明”一词，最早见于《周易》。《周易·贲（bì）卦》：

刚柔交错，天文也；文明以止，人文也。
观乎天文以察时变，观乎人文以化成天下。

意思是：自然界气候有冷有暖，是上天的气象；文治教化（让人们明白）有所止（止乎礼），是人世间的样子。观察气象可以觉察到季节变化，观察人世间的样子则可以教化芸芸众生。

在中国人的理解里：

文，是人的感知与总结，是一种思考状态，从天地万物中总结出道理与规则；

明，是日月交辉，是火种，也是蒙昧开启时光明盛大的景象。

正是思考观察之后将万事万物运用于生活本身，由此形成循环，方才演进成璀璨的中华文明。

酒，正是人类认知与思考后的一种践行。人从自然中发现发酵现象，在无数次模仿与实践中，总结出人为发酵的规则，人类酿酒历史从此迈入人工酿造阶段。

火，决定着人类之所以为人的属性。是否会使用火，成为区分人类与地球上其他生物的重要标志。而陶的诞生，正是人类对火的娴熟利用的艺术成果。

酒与陶如青梅竹马般的因缘，见证了人类文明的破晓之光。

在文明的星光下，先民们一同端起那由陶器盛着的、由自然掉落的果实发酵而成的酒，昂首同饮。仿佛灵魂出窍一般，他们迎来了身心的高峰体验，暂时摆脱了来自自然的重重威胁，进而展开了超越个体的思考：我是谁？酒又是什么？万物和我的关系是什么？

就在这一刻，人从酒中探索出了意义与价值，开始摆脱原始的动物性。在漫长黑暗的蒙昧里，因为饮酒，人类开始了对自我与万物的凝望，留下了一连串响彻千古的大问。

从此，人与酒便分不开了。但到底以什么来盛酒呢？有石头，有木头，有贝壳……但我们的先祖，选择了与他们淳朴从容的民风相同的陶。

陶，质朴敦厚；酒，灼热率性。它们相互依存，互相补充。人们以“陶”饮酒，自然便陶醉其中。你看，那酒陶上或写实或抽象的纹饰，如云雷，似漩涡……它们就如同人类曙光初露的童年一般，淳朴天真又自由奔放。那是我们的祖先面对自然万物欣欣然的懵懂探索和难以捉摸的神秘想象。

马家窑文化时期涡纹彩陶瓮

高52cm，口径19.6cm，底径12.5cm

马家窑文化代表作，被誉为『彩陶王』，现藏于甘肃省博物馆。

◎涡纹中的史前阴阳观

涡纹是彩陶文化时期的常见几何纹饰之一。它的形成，与人类的自然崇拜、生殖崇拜、图腾崇拜等原始崇拜有着某种直接的关系。

涡纹及其变体是日、月、水、火的象征，是蛇的象征，蕴含着万物不息的理念，而这皆归结于人类对生命与繁衍的抽象认知。涡纹在演变中逐渐凸显了阴阳二元相抱的文化意象，并慢慢发展成为今天我们熟知的太极阴阳图。可以说，二者有着内在文化与精神的传承。

人类的酿酒行为，冥冥中秉承史前的阴阳观。例如泸州老窖的标志，同样以太极阴阳为意象，寓意一生二，二生三，三生万物，在整体造型中蕴含了泸州老窖“天地同酿，人间共生”的企业哲学。

仰韶文化时期彩陶双连壶

壶高20.1㎝，整体面宽23.5㎝。

两壶并列，腹部一孔相连。被誉为『中国古代彩陶之冠』，现藏于河南省博物院。

◎炎黄千秋，共饮盟誓

彩陶双连壶，1972年出土于郑州市大河村仰韶文化遗址，造型别致，构思新颖，堪称中国史前彩陶艺术瑰宝。

这件双连壶非日常用品，而是神圣的礼仪用具，是氏族部落结盟或举行重大礼仪活动时部落首领、族长对饮的酒具，是和平、友好、团结的象征。

相传炎黄二帝当年曾用它共饮盟誓，这一壶酒，见证了中华文明起源的千秋大计。双连壶相连并列，如同炎黄子孙携手并进，华夏文明众志成城。

岁月不居，时节如流。如果说人们一开始只是自然偶然发酵的享受者，那么从考古发现来看，到新石器时代中后期，人们已经通过对自然发酵的观察与总结，参悟了发酵规则，完成了从接受者到参与者的悄然转变。

在红山文化遗址就已经发现了饮酒的杯、盛酒的壶、酿酒的澄滤器等陶制酒器——在这个时期，陶制酒器成套、成组地配置便已经开始出现了。而在山东莒县陵阳河遗址中发掘出来的整套酿酒工具与饮酒器具也都是由陶土制成，这些陶器上还刻画有滤酒的图像。由此可见，当时人们已经能够独立酿酒了。

在远古时代，先民们把最重要、最厉害的自然神灵奉为自己的图腾。在陵阳河遗址的陶器上，我们便可以看到时人崇拜的酒神。他们把酒奉为“天禄”，视它为上苍赏赐的神圣物、吉祥物，拿它来祈祷。而祭拜酒神，则蕴含了他们对驱鬼避疫、消灾祈福的虔诚信仰和神秘观念，这也构成了中国民间对酒的原始崇拜。

古人相信，以酒为媒介，祭祀巫师能进入玄妙的迷幻状态，进而与天地、神灵、祖先沟通。这里面蕴含了一种素朴的平等观——人们献酒供神灵、先祖享用，而神灵、先祖则赐福于众人。每逢祭祀与战争，人们都要在祭祀巫师的带领下，按照规定的仪礼程序，以醇美的酒和礼诚的心，换取神灵、先祖的福佑。所以，《左传》才说，“国之大事，在祀与戎”。

先民能够学会酿酒，源自对自然的大量观察，将宝贵的酒纳入到社会生活最重要的祭祀中，既顺应天命，又契合人伦，甚至有助于人们参悟与天地万物相合的包容大道。渺小的人与伟大的神同饮这芬芳佳酿，人在这种虚构中真诚地面对自我与天地，在人神合一的醉意中，获得内在的圆满和生存的自信。陶器中的浊酒映照出的是中华文明中“天人合一”的浑圆境界。

陶器承载了酒的启蒙，也见证了人的启蒙。中国的酒，中国的陶，奠定了中国原创文化的基调，二者都是人对自然法则最朴素的感知与体会，并加以模仿，乃至再创作。中国先民在同自然的和谐共处和自我学习中，悟出“天人合一”的朴素认知观，从而让中国人真实地存在于脚下的大地之上，在这九州沃野开启自己的人生，迎接即将到来的社会的大同。于是，青铜器也即将带着它独有的质感，从文明之火中腾飞而来。

龙山文化时期蛋壳黑陶高柄杯

高22.6cm，口径9cm，黑陶泥质

龙山文化标志性代表作，

被考古界誉为『四千年前地球文明最精致之制作』。

现藏于山东省文物考古研究院

◎藏礼于器，酒器中的“黑科技”

蛋壳黑陶杯，由大汶口文化晚期的黑陶高柄杯发展而来，其“黑如漆，亮如镜，薄如纸，硬如瓷”，最薄处仅为0.2毫米，因薄如蛋壳，故有“蛋壳陶”之称。

它的制作工艺达到了中国古代制陶史上的顶峰，可见当时人们的技术已不同凡响。

蛋壳黑陶杯是贵族在祭祀、丧葬、征战、宴飨时使用的酒器，以工艺之极致彰显对“礼”的崇敬，是新石器晚期权力与等级的象征，这也意味着人类社会已产生阶级分化而即将告别原始的蒙昧。

大“铜”社会——青铜酒器的辉光

如果说陶器时代是人类文明的蒙昧之初，

那么青铜时代则是人类文明青涩、倔强的发展之始，散发着追逐成长与梦想的辉光。

禹制“九鼎”掀开了中国青铜时代的扉页。从活泼写实的陶器到神秘狞厉的青铜器，暗示了时代状况的流变。先民们一开始可能处于和平相处的时代，但物质总是有限的，那意味着只有少部分人才能享用，才能存活。那到底谁才是那少部分人呢？

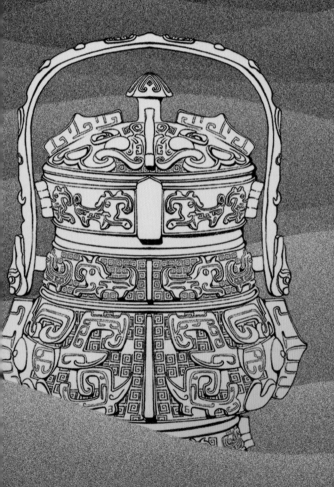

殷商末年，纣王无道，天下大乱，周武王自称受天命，革殷伐纣。牧野一战，周灭商，作为胜利者的周武王，却在反思王朝长治久安的出路。所谓的“国之大事，在祀与戎”；那祭祀和战争，能让臣民不再受到伤害吗？能让天下太平吗？不行啊。到底应该如何治理天下，才能让人民一直安居乐业呢？

周公摄政，带着武王的遗憾，苦心孤诣，耗费无数心血，终于“制礼作乐”。选择以礼治国，这也最终成就了周王朝八百年的伟业。

周人用礼法来规范贵族，以期将他们培养为君子。礼乐制度通过“藏礼于器”规范了贵族生活的方方面面，在当时，的确可以说是“不知礼，无以立”了。酒、青铜器都是当时权力和财富的象征，对它们的规范，是教育贵族的重要范畴。这个时候，青铜酒器饱含着理性、礼制的时代精神，熠熠生光地向我们走来。

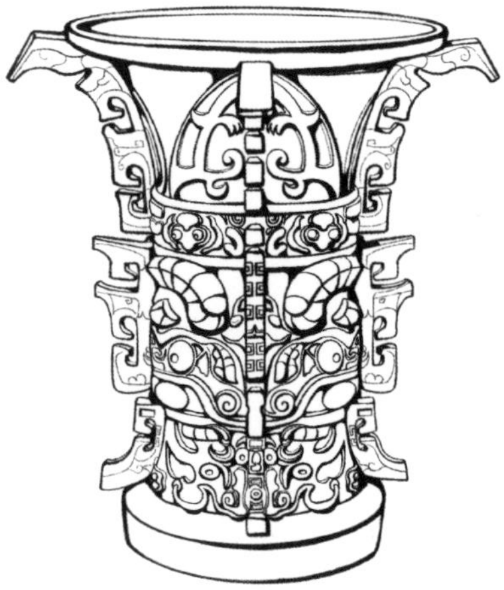

西周时期何尊

高38.8cm，口径28.8cm，重14.6kg

尊内底铸有铭文122字，是出现『中国』一词最早的文字记载。

中国首批禁止出国（境）展览文物、国家一级文物。

◎何以为尊，宅兹中国

何尊，是中国西周早期一个名叫“何”的西周宗室贵族所制的盛酒祭器。因身饰兽面纹，初时名为“饕餮（tāo tiè）铜尊”；后因尊内底铭文，被上海博物馆原馆长马承源先生命名为“何尊”。

铭文“宅兹中国”，体现了周成王建都洛邑，以之为“天下之中”的世界观。“三千年历史演进，朝代更替，‘中国’一词从地理中心，政治中心派生出文化中心的含义，继而又被赋予了王朝统治正统性的意义。”

铜尊所装饰的“饕餮纹”，庄严、凝重、神秘，既体现先民“尊神”的敬畏，又彰显正统王权的威严，传达着商周先民“敬天法祖”“天命王权”的思想，是宗教、政权、族权三位一体的象征。

饕餮纹

商周盛行的青铜器纹饰之一，以“狞厉的美”著称，是殷商先民“尊神”意识和王权意志的表征。

古语“无酒不成礼”，便是从这个时候开始的。周朝统治者对酒的管控，日趋规范化，也就是礼乐化。周朝礼仪规定饮酒都要在揖让进退中完成，以此来树立和培养贵族阶层的君子德行。《礼记·玉藻》中谈到：“君子之饮酒也，受一爵而色洒如也，二爵而言言斯，礼已三爵而油油以退。”意思就是贵族饮酒不能超过三爵。这是为了告诫贵族们行事要适度，要有礼有节。而且，在行礼的过程中，可以达到“堂上观乎室，堂下观乎上”的效果。也就是，通过酒礼约束上层贵族的饮酒行为，发挥从贵族到民众“上行下效”的教化作用，以此规范和教导整个社会。

这种教化诉求，对古人有了内德与外仪统一的要求，在古代饮酒君子身上，便体现为品德涵养和容止风度的统一，这也让酒有了内生的伦理道德。

另一方面，当时的人们已经开始用粮食制酒曲来酿酒。《礼记·月令》记载，当时酿酒要“秫（shú）稻必齐，曲糵（niè）必时，湛炽必洁，水泉必香，陶器必良，火齐必得”。可见，此时酿酒已不再单单是人们对自然的模仿，而是有意识地利用微生物的创造行为。

规律自然是不以人的意志为转移的，但它本身的确是依赖于人的归纳总结，才清晰地呈现于世间。在这个过程中，我们可以说，人是在为自然立法，同时也在为自己确立道德。从酒的酿造和礼法来看，人类在这时，正在尝试全面走向秩序井然的文明时代。

“非酒器无以饮酒”，那么用青铜酒器饮什么酒？是散发着理性辉光的酒。人类的想象已摆脱陶制酒器蒙昧的拙朴，在冷峻的金属光泽中，镌刻青铜酒器文明初醒的敬畏与神秘，彼时的人们正以理性的目光看待世界。

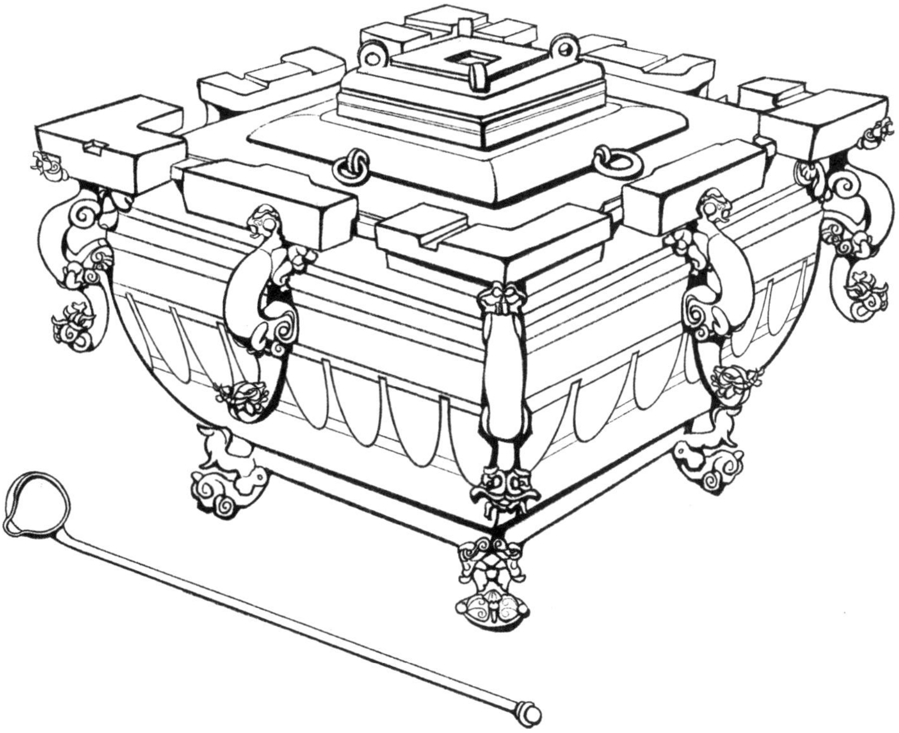

战国时期青铜冰鉴
长76cm，宽76cm，高63.2cm
战国时冰酒器、温酒器，
现藏于中国国家博物馆。

青铜时代，青铜酒器的功能定义与文化属性，是先为礼器，而后才是酒器。彼时酒的种类并不丰富，饮酒的礼仪意义远大于品尝酒本身的口味。以“礼乐”为核心的青铜文化，“具有强烈的社会功能，群体性远超个人感情”。自然，以“爵”为核心的酒器使用制度，则是周朝“礼乐制度”的核心内容之一。青铜酒器的理性辉光，是中国古代礼乐文化的礼制规范。

到了春秋战国乃至秦汉，青铜酒器依旧占据着非常重要的礼制与实用地位，但这时的青铜器，已逐渐褪去礼器的威严庄重，更多地融入了人们的生活情趣。酒的种类变得更多了，酒器也变得更加精美了，青铜酒器的辉光也转向柔和的精巧。彼时，人们从神灵、先祖的祭坛走下，从“神性”的想象中苏醒，开始更多地关注生活中“人性”的发现。

从商周到秦汉，青铜酒器在塑形，中华文化也同样在塑形。毫不夸张地说，中国的酒，中国的青铜，见证了中国原创文化的成形。那是一种什么样的文化呢？那就是照耀、影响了中华几千年的伦理文化——忠恕之道的核心，就是与人为善，学会为他人思考。唯拥有这般超越自身利益的广阔的同理心，我们才能向着大同社会的理想不断迈进。

◎跨时代冰饮，与曾侯乙编钟齐鸣

战国青铜冰鉴，1977年出土于著名的曾侯乙墓，是一件实用性与艺术性高度统一的青铜酒器，兼具冰酒、温酒功能，可以说是迄今中国最古老的“制冷”“制热”两用“冰箱”。其主体部分由器物本身、装饰附件、镂空附饰三部分组成，依次分别使用了浑铸法、分铸法、失蜡法三种铸造工艺。

战国青铜冰鉴构思奇巧、制作精细、纹饰繁复精美，与同一墓出土的曾侯乙编钟，代表了中国先秦青铜器铸造技术的最高成就，在展示战国先进生产力的同时，也体现了战国时期人们开始由“娱神”向“娱人”转变的品饮情趣与审美特征。

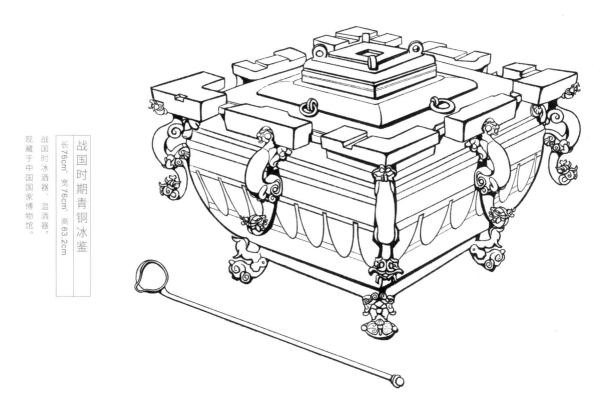

汉代麒麟温酒器

长27cm，高26cm，重9kg

国家一级文物，泸州市博物馆镇馆之宝。

◎灵兽献瑞，麒麟重温“醉美”时光

汉代麒麟温酒器，1986年出土自泸州纳溪，是我国迄今发现的唯一具备温酒功用的青铜麒麟，堪称东方麒麟文化中举世无双的“酒麒麟”！

麒麟温酒器以麒麟为基本造型，其腹腔是炉堂，尾部是炉门，饮酒时打开尾部炉门，在炉堂内放木炭，将盛有酒的酒杯置于麒麟腹部两侧盛水的圆鼓内，则酒随水温而升温。前胸和臀部通联，水汽可循环从口腔喷出。整体造型生动优美，铸造精妙，分型水准高超，体现出汉代青铜工艺的高度成熟。

该温酒器的设计情趣动人，它所流露出的对优雅细节的追求，对生活的美好祈望，以及谦谦古风的从容之饮，为我们再现了两千多年前中国贵族的斐然境界。同时，它也真实记录了早在汉朝，泸州酒业的发展就已经很繁荣了。作为目前世界上唯一背着“酒桶”、为酒代言的麒麟，它是守护“中国酿酒龙脉”的福旺瑞兽，更是汉代酒文化与中国古代青铜艺术的完美结合。

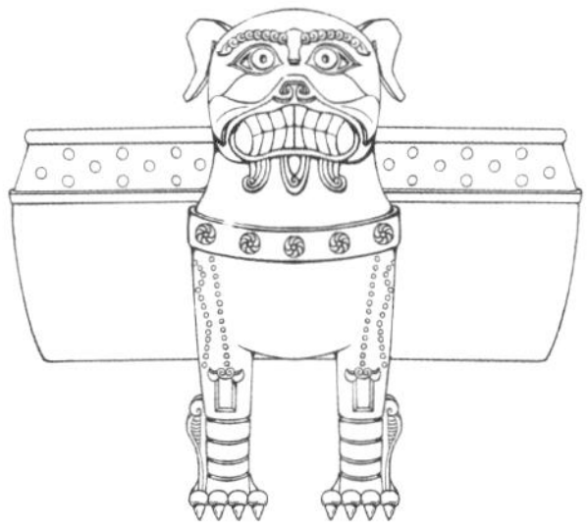

正视图

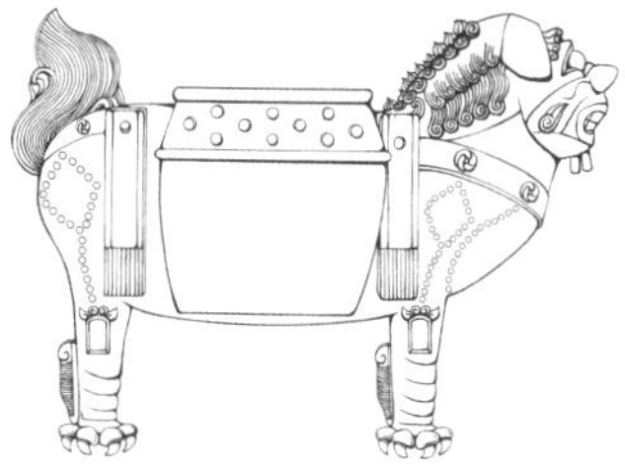

侧视图

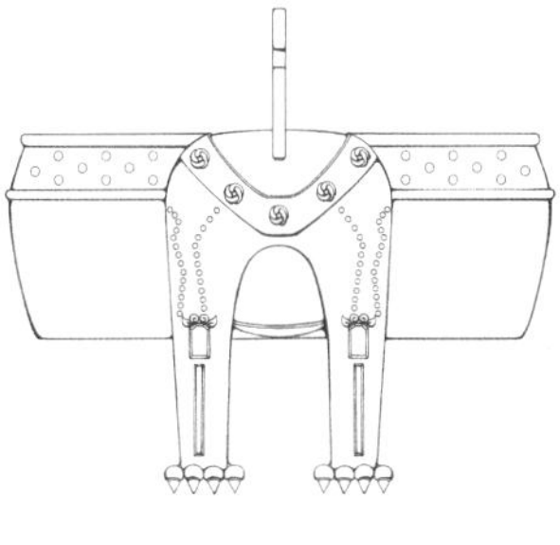

后视图

止于至善——瓷时代的“醉美”理想

瓷器的英文是“china”，在外国人眼里，瓷器就是中国的代名词。

这种站在欧洲文化中心主义立场的外来解读，却取得了中国人的一致认同，为何？

放眼人类发展史，陶器的烧造，是全球不同文化体不约而同的选择；青铜器的使用，是人类文明成熟的核心标志之一；而瓷器的分享，则是中华民族一枝独秀的极致演绎。

当英国汉学家艾约瑟提出的中国四大发明之说（造纸术、指南针、火药和印刷术，是中国的四大发明）成为主流认知之时，在中国人心中，有着另一个截然不同的版本——丝绸、纸张、青铜、瓷器。瓷或瓷器，对中国乃至世界的影响力不言而喻。

唐代长沙窑青釉褐彩
『君生我未生』诗文壶

高17.6cm，口径8.9cm

多棱短流下方以褐彩书古诗一首：
君生我未生，我生君以（已）老。
君恨我生迟，我恨君生早。
现藏于湖南省博物馆。

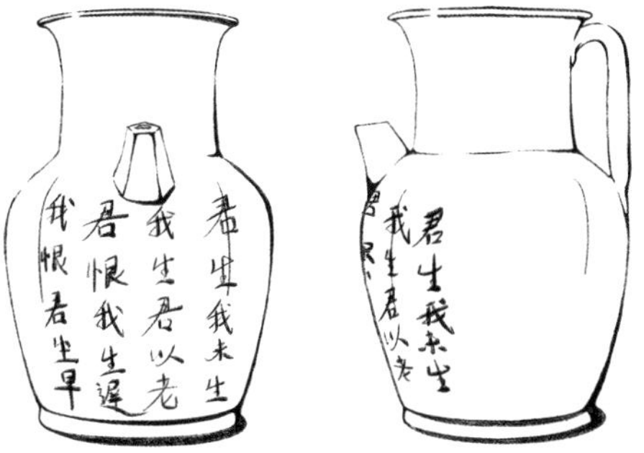

◎釉下彩里·你侬我侬

长沙窑青釉褐彩诗文执壶是一种文物品类，是唐代的一种酒壶，出土于湖南长沙窑窑址。以诗歌为饰，是长沙窑装饰的重要特征，其诗句多出自唐代《铜官窑瓷器题诗二十一首》。铜官窑，即长沙窑。

“君生我未生”这首作者佚名的诗，和眼前这只造型拙朴的酒壶一样，素简，朴实，但又令人浮想联翩。

情因酒醉。朴实无华的瓷壶，动人心弦的美酒，为我们留下一段最有人情味的历史，时光也因此变得温柔。

走进诗中感人的爱情故事，这只诗酒相生的酒壶，代表着中国古代工匠所秉持的“物道合一”的造物人文观，更体现着他们“寄情于物、寓情言志”的工匠情怀，这也是对酒作为中华文化浪漫灵性之源的尊重。

自东汉中国人成功烧造出成熟青瓷开始，全世界对中国瓷表现出莫名的狂热与痴迷。

中世纪的佛罗伦萨流传着一种说法，认为瓷杯可以阻止毒药发挥药效；1607年，法国皇太子用中国的瓷碗喝汤，成为轰动一时的新闻；法王路易十四为了讨好他的宠姬旁帕多夫人，专门在凡尔赛宫修建了一座托里阿诺瓷器宫，用来陈列中国青花瓷；德国奥古斯都大帝成立科学院，图谋制瓷之道。最疯狂的要数萨克森王国的国王，居然不惜用四个配备精良的皇家卫队到普鲁士王国换取12个中国青花瓷瓶……

——《人民日报海外版》（2018年01月05日第 07 版）

在隋唐以后一千多年的中国古代对外贸易顺差中，瓷器贡献了半壁江山，直到被英国东印度公司用鸦片攻陷。可以说，瓷之光耀，即是中华文明之光耀。

从古朴坚硬的原始青瓷，到千峰翠色的青釉瓷器，到胎骨洁白的白釉瓷器，烧窑技术成熟后，汝、官、哥、钧、定五大窑声名鹊起。再往后，透明如水的青花瓷横空出世，斑斓璀璨的彩瓷大放异彩。瓷器见证了中国的蓬勃发展，代表了古代中国技艺和文化的最高成就。

同样，从陶时代的发酵酒，到青铜时代的酿造酒，再到瓷时代的蒸馏酒，中国人酿造的酒完美承载了中华民族的文化与思想，在上千年的历练蜕变中，为世人呈现巧夺天工的中国艺术。

中国人对瓷与酒情有独钟，正是源自血脉中古老而纯朴的“尚玉”传统。“莹润如玉”一直是对瓷的最高审美追求，“琼浆玉液”是对酒的最好品评赞美。古人常以玉喻君子，瓷间，酒里，蕴含着中国人“谦谦君子，温润如玉”的道德修养与品格。

宋代汝窑天青釉玉壶春瓶

高20.1cm，口径4.4cm，足径6.5cm

为英国著名收藏家阿尔弗雷德·克拉克夫妇的旧藏，现藏于英国大英博物馆。

◎雨过天青处，浓香作真藏

汝窑天青釉玉壶春瓶，为宋代汝窑所创制。宋代汝窑烧造历史短暂，流传至今的真品不足百件，一般可遇不可求。

该文物器型为经典的玉壶春瓶。玉壶春瓶，因“玉壶买春”而得名，为唐宋时期的酒器，元代以后演变为陈设器。

在以“郁郁乎文哉”著称的宋代，文人士大夫更热衷于“不是从现实生活中而主要是从书面诗词中去寻求诗意”。“雨过天青云破处，这般颜色做将来”，清新雅致、幽淡隽永的汝窑天青釉，无疑是宋代文人情趣的极致体现。

宋代，文人士大夫热衷酿酒，形成一股新风潮。文人士大夫纷纷化身“酿酒实验家”，其中最著名的莫过于苏东坡。而文人酿酒，并不刻意追求酒的口感，而是在乎酿酒所带来的“诗意”情韵。

随着物质生活水平的极大提高，人类对美的欲望，促使瓷艺术突飞猛进，同样也对酒的享受提出了更高的需求。历经晚唐、五代、两宋，“对现实世俗的沉浸和感叹日益成为文艺的真正主题和对象”。彼时低度浑浊、发展滞后的酒，已无法满足以文人阶层为中心的中国人对“世俗之乐”“韵外之致”的极致追求。宋元时期，伴随蒸馏技术传入，中国酒最终完成自我蜕变，中国白酒随之应运而生。

及至明朝，当时掌握文化与审美定义权的士大夫阶层，从园林居室到雅玩器具，构建了一整套系统的明式生活美学，对酒自然提出了相匹配的品饮审美需求。这也促使新生的中国白酒向着更极致的巅峰发展。

回归生命的诞生，中国瓷与中国白酒，均是土与火的艺术。中国瓷以土作坯，以釉料为衣，在1200℃以上温度的煅烧下涅槃重生，完成“如熏如醉”的华丽蜕变。同理，中国白酒，从粮食、水源、窖池中汲取土的滋养，在火的蒸煮中破茧成蝶，最终在天然藏酒洞吐纳修养，实现自我升华。

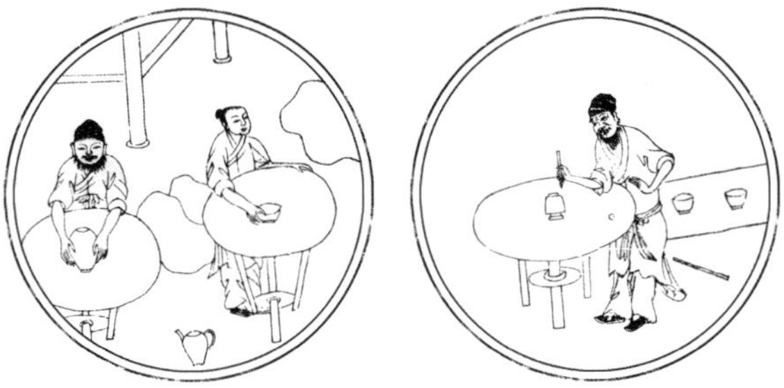

谈到制瓷，《考工记》里面说，制作瓷器得“天有时，地有气，材有美，工有巧，合此四者，然后可以为良”。制瓷的材料都来于自然，除了直接取于自然的水和瓷土，制作瓷釉的矿物，晒坯的阳光与通风，以及取土制瓷的因时而异等，都蕴含了对自然元素的充分考量。

制瓷的原则也得顺乎自然，它依靠匠人灵巧的双手，通过水、火、土的自然相济而浑然成器。这种取法自然、师法自然的造物原理与中国古人“道法自然”的世界观是契合一体的。其实，酿酒、饮酒又何尝不是如此呢？取材于自然，用之于生活。

◎《天工开物》制瓷工艺

当精美绝伦的瓷器与在规范和突破间徘徊的酒结合在一起时，百炼而成的陶瓷酒器来到世间。中国最富有想象力和创造力的君子、士大夫，在陶瓷酒器的观赏和沉醉间，汲取了瓷器“道法自然”的内核精神，又在酒香的恍惚熏陶之中，跃上“百尺竿头”，最终达到了“物我两忘”的超然境界。

人没有办法摆脱时空的偶然、命运的压迫、死亡的威胁，但先辈伟人、仁人志士们正是借助陶瓷酒器文化“物我两忘”的艺术体验，获得精神上的无限自由，从而竭尽可能地去探索生活的美好，再返回到现实生活中来，立功立言，福泽人类。

中国瓷制酒器带着这种中华文化来到世界各地，深刻影响着当地的生活和精神文化，同时也将异域文化带到中国，在文明交流互鉴中去伪存真、兼收并蓄，推动中华文化的茁壮发展。这种探索与包容的精神，自瓷的造化中而来，自酒的酝酿中而来，而今，它也依旧飘香于中国酒文化之中。

白酒的演变过程暗合了陶文化的天人合一、青铜文化的理性思索，以及瓷文化的止于至善。不可否认的是，映射中华民族文化情怀的中国白酒，已成为国人心中的中国第五大发明。郁郁乎五千年华夏文明！中国的瓷，中国的白酒，凝萃了中国原创文化的极致理想。

中国酒的品饮源流图

自然发酵酒阶段

原始先民发现大自然的发酵现象，并开始模仿大自然，人为有意识地制造发酵环境进行酿酒

自然发酵现象

地球上最初的酒，由落地野果自然发酵而成，或为猿猴不自觉“造”酒

人类诞生之初

发酵方式

自然发酵成酒。

原料

人类诞生之前，原料为含糖分的水果或蜂蜜；人类发现发酵现象后，原料为采集而来的水果或粮食。

社会形态

【原始游群阶段】人类以原始采集、狩猎为生。

石器时代

酿造方式

探索出『咀嚼法』、『作蘖法』等酿酒方式。

酿造原料

以粟、稻为主，辅以其他水果和野生植物。

酒品概述

中国人最早开始酿造酒，早期以谷物天然酒为主。贾湖古酒，是已知世界上最早的酒。它的考古发现，改写了中国乃至世界的酿酒史。

社会形态

【氏族部落社会时期】早在贾湖文化时期，先民们已开始种植水稻、驯化家畜、捕捞鱼类，丰富的生产生活资料来源，为酿酒奠定了物质基础。

审美意识

人类审美开始突破原始的混沌状态，酒器的装饰纹样，从简单、写实、原始的动植物图案、编织刻痕等，逐渐向图案化、格律化、规律化的抽象纹饰演变，如仰韶文化几何纹，展示着先民的和美思想。

饮酒须持器

【酒器发展阶段】陶器

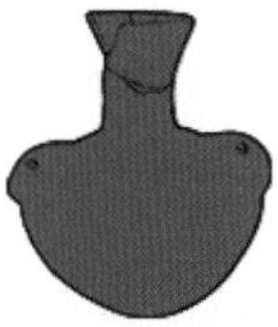

【典型器物】贾湖陶器
【功能定位】酒器、礼器
【特点】注重实用性，少纹饰
早期酒器的诞生，源于先民不再满足『污尊抔饮』的品饮需求，更侧重实用性。

【典型器物】仰韶涡纹双耳小口尖底瓶
【功能定位】酒器、礼器
【特点】小口、短颈、鼓腹、尖底，便于密封、放置、保温、酒的澄清等。

夏商周

酿造方式

社会形态

中国由原始社会步入奴隶社会，基于原始神灵祭祀，逐步形成成套完善、规范的『礼乐制度』。『酒以成礼』，饮酒崇尚『酒礼』『酒德』。

饮酒陶俑

先秦

清酒之美，始于耒耜。

上古至秦时，泸州一直隶属于巴国，巴蜀出产的『巴乡清』，曾是向周王朝缴纳的贡品。

麒麟温酒器

泸州营头沟出土的陶器酒具

两汉

汉家江阳多佳酿

在泸州出土的秦汉陶制角杯、刻有『巫术祈祷图』的汉画石刻、体现汉代饮酒情趣的麒麟温酒器等，反映了泸州『酒以成礼』的风俗。

隋唐·五代十国

酒业兴盛向渝泸

少数民族同胞的酿酒技术与泸州当地汉族的传统酿酒技术相互交融，泸州酿酒技术空前发展；唐代庄园酿酒作坊的生产方式开始出现，以荔枝春为代表的果酒已非常普遍。

酿造原料

粟、禾、稷、秜（ní，稻）、麦、菽等传统谷物。

酒品概述

受礼制规范，酒品等级分明，有『五齐』、『三酒』之别。五齐，均是未过滤的酒，主要用于祭祀，由浊至清依次分为泛齐、醴（lǐ）齐、盎（àng）齐、缇（tí）齐、沈齐。三酒，均是经过过滤的酒，除祭祀外，还用于宴饮，按酿造时间由短至长分为事酒、昔酒、清酒。郁鬯（chàng）、秬鬯，商周时期最顶级的美酒，专以『卣』（yǒu）盛之，多用于『裸礼』。

饮酒风气

盛行饮凉酒，热酒专供祭祀敬神。至春秋战国，饮酒开始平民化，但贫富分化严重。

伴随礼乐制度的建立与衰落，尚礼崇神的社会意识逐渐转变为以人为中心的人本思想，审美也随之由庄严、肃穆、冷峻、神秘（如饕餮纹）逐渐转向简率、灵动、精美（如春秋莲鹤方壶）。

名人与酒

【周公旦】制《酒诰》以维护周王朝的统治。周公旦正式明确饮酒的法度，主张饮酒有度，饮酒以德。这是中国人第一次以政治思维思考酒的饮用。

饮酒须持器

【酒器发展阶段】青铜器

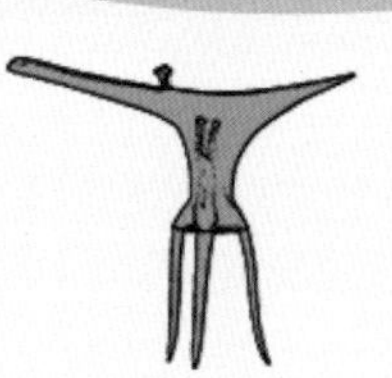

【典型器物】夏朝乳钉纹铜爵
【功能定位】温酒器、礼器
【特点】『华夏第一爵』，迄今中国最早的青铜酒器。长流尖尾，细高三足，有出烟孔，方便加温。商周时期，形成以『爵』为重心的酒器使用制度。

【典型器物】春秋莲鹤方壶
【功能定位】盛酒器、礼器
【特点】『青铜时代的绝唱』，气势磅礴，造型灵动，『具有社会大变革时代的艺术特色』。

【典型器物】商四羊方尊
【功能定位】盛酒器、礼器
【特点】形制凝重结实，纹饰繁丽雄奇，一展殷商至尊气象。

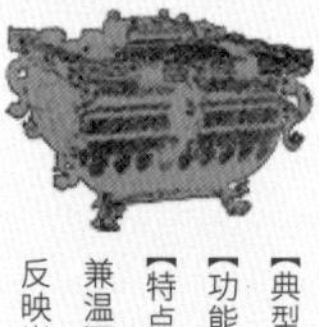

【典型器物】战国青铜冰鉴
【功能定位】盛酒器、冰酒器、温酒器
【特点】世界上最早的『冰箱』，兼温酒之用，夏冰酒，冬温酒，反映当时贵族的饮酒时尚。

秦汉

酿造方式

出现『补料发酵法』『九酝』酿造法，制曲技术由散曲制作提升为曲饼制作。

酿造原料

以传统谷物为主，出现大宛葡萄、甘蔗等原料。

酒品概述

社会形态

中国统一多民族国家的奠基期。封建土地制度的确立、生产技术的突破（如犁壁）、粮食产量的增加，极大改善了酒的物质基础和消费环境。

审美意识

汉初崇尚老庄『无为』，审美特质多表现为简古、朴拙，富有生活气息。汉武帝时期，国家安定，物质丰富，审美趋向繁丽、张扬、宏放，浪漫主义与现实主义交织。

名人与酒

【桑弘羊】为增加国家财政收入，汉武帝听取桑弘羊建议，以谷物酒为主，有官酿、私酿、家酿之分。葡萄酒大行其道。重视『重酿』，如【酝】即一种反复重酿多次的酒。

饮酒风气

礼制约束小，出现女性饮酒现象。酒令逐渐摆脱先秦的政治束缚，成为一种助兴方式，并趋于成熟。

魏晋南北朝

酿造方式

酿酒技术大发展时期，出现『三酘(dòu)法』。

酿造原料

主要有黍、稻、高粱、糜子、小麦等。胡椒、干姜、五加皮、菖蒲等药材也可入酒。

酒品概述

酒品更加丰富，各地名酒争奇斗艳。【梁米酒】即以三酘法酿制的浓香型的酒。【屠苏】为一种药酒，元旦时饮用。

饮酒风气

饮酒成风，嗜食五石散。因服食五石散，须佐以温酒、寒食，故饮酒之风由凉饮改为温饮。侑(yòu)酒方式多姿多彩，『曲水流觞』成为一种习俗。

隋唐

首创酒类专卖制度一榷酒酤】影响至今

饮酒须持器

【酒器发展阶段】青铜器最后的余晖，以漆器为主

【典型器物】西汉漆耳杯
【功能定位】饮酒器
【特点】日常饮酒多用『杯』，合手掬之而饮；盛宴时则用『玉卮』，以显隆重。

【典型器物】麒麟温酒器
【功能定位】温酒器
【特点】造型精美，情趣生动，映射出泸州人的酒文化与品饮情调。

社会形态

中国封建社会分裂与民族大融合时期。社会动荡不安，民族间酿酒技术交流加强。

审美意识

险恶的社会环境，促进人们个体自我意识的觉醒。魏晋名士『向外发现了自然，向内发现了自己的深情』（宗白华语），崇尚玄学，以清远、虚静、风骨等为美。

名人与酒

【竹林七贤】以『竹林七贤』为代表的魏晋名士，崇尚饮酒、服药、清谈、纵情山水的生活方式。服食五石散后，性情亢奋，浑身燥热，皮肤敏感脆弱，故而常宽衣解带、袒胸露臂。

饮酒须持器

【酒器发展阶段】以漆器为主，青瓷酒器开始出现

【典型器物】东晋德清窑黑釉鸡头壶
【功能定位】饮酒器
【特点】魏晋名士『轻礼避世』，不再强调纹饰的华丽，酒器风格古朴素雅。

社会形态

中国封建社会的繁荣鼎盛时期。唐朝国力强盛，『胡风』盛行，民族融合空前加强。

郭怀玉·甘醇曲

侍女执酒壶石刻

元代

首创大曲，惊世殊

公元1324年，泸州人郭怀玉创制『甘醇曲』，『大曲酒』问世。

两宋

佳酿飘香自蜀南

开始出现『大酒』『小酒』之分，泸州成为『五商辐辏』的巨港名都。

爱仁堂三百年老窖酒瓶

舒承宗·1573国宝窖池群

清代

衔杯却爱泸州好

公元1869年，文宣豫将『舒聚源』更名为『温永盛』，
酿『三百年老窖大曲』，盛极一时。

明代

江阳酒熟花似锦

公元1425年，施敬章研制『窖藏酿制』法，
推动大曲酒的酿制进入『泥窖生香』转化的『第二代』。

公元1573年，『舒聚源』酒坊主人舒承宗始建1573国宝窖池群，
酿制出第三代泸州老窖大曲酒，
使浓香型大曲酒酿制工艺臻至大成。

泸州老窖营销指挥中心

新中国成立后

在明清36家古老酿酒作坊的基础上成立起来的泸州老窖，历经公私合营、八五技改、规模扩张、股份制改造、集团运作之后，已发展成为一家国有大型骨干酿酒企业，百年老字号，享誉海内外。

温筱泉画像

1915年巴拿马太平洋万国博览会金奖奖牌

民国时期

走出国门誉全球

1915年，温筱泉携泸州老窖大曲酒，夺得巴拿马太平洋万国博览会金奖，奠定了『泸州老窖，中国荣耀』的根基。

泸州酒史

泸州老窖的历史与泸州酒业的历史一脉相承、源远流长——肇自远古，始于秦汉，兴于唐宋，盛于明清，发展在当下。

之酿

白酒，
一门古老而玄妙的科学

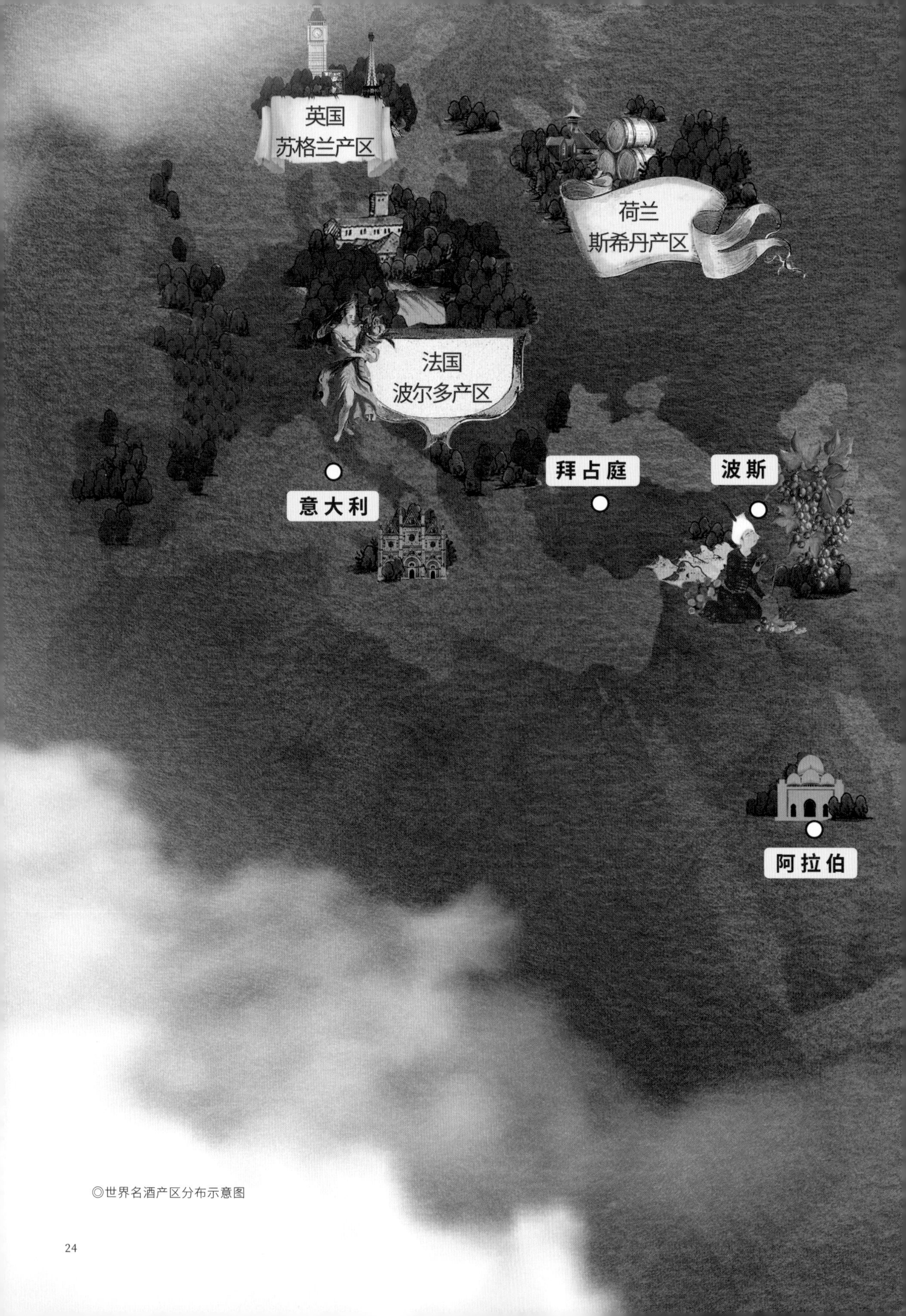

◎世界名酒产区分布示意图

酿酒文明为何多发源于“几”字河湾？世界最好的蒸馏酒产区为什么齐聚北纬30°附近？酿造的风水宝地，是否真的存在？不同产区、不同文化背景的名酒是否存在着相同的神秘法则？

法国波尔多产区、苏格兰威士忌产区、中国白酒U型酿酒带、美国加州纳帕河谷……我们追寻世界名酒酿造地，解码世界酿造的风水法则。

如果说“发酵”如同火的使用，是自然赐予人类最早的启蒙礼物，让人类在蒙昧之初邂逅“醉”的体验，在“可遇而不可求的发现”中掌握生物演变的规律，逐渐懂得在有限的物质资源中制造温饱需求之外的、从味觉到心灵的幸福和愉悦。那么“酿造”则是人类与自然发生的一场最神秘最微妙的恋情。

种植、养殖、陶瓷、纺织、冶炼、医药、水利、天文……当这些伟大的人类成就和酒一起伴随着其他技术门类都慢慢为人所掌控，甚至当年那些描刻在陶坛或青铜酒器上，和酒一起发挥祭祀或仪轨功用的纹样，都已经走向写实或抽象的概念解构，发展成可以用光影、色彩、结构等去实现的学科，而“酿造”依然是人类至今尚未能完全掌握的神秘技艺。

其实仅仅是酿造并不困难，在相对宽泛的条件下都能实现。但如果这样就算完美的“爱情”，人们为何又总是要称颂那种珠联璧合的际遇为天赐良缘？尽管和万年前只是带着酒精味的、混浊的液体比较，在现代文明和生产技术下酿造出的酒已经堪称神品，但无论东方和西方，人们依然对酿造过程中的很多传统法则心存敬畏，奉为圭臬。

世界酿造的风水法则

四大文明都有着自己的酒。

它不仅承载着与各自文化母体一脉相承的文化基因与审美偏好，

也蕴含着先祖在漫长的历史演进中积累下的生存哲学与酿造法则，

如实记录着地域、气候、土壤、水源、温度、微生物等风土信息。

对于中国白酒酿造来讲，**“天地同酿”“五行入酒”**就是传统酿造所遵循的风水法则。

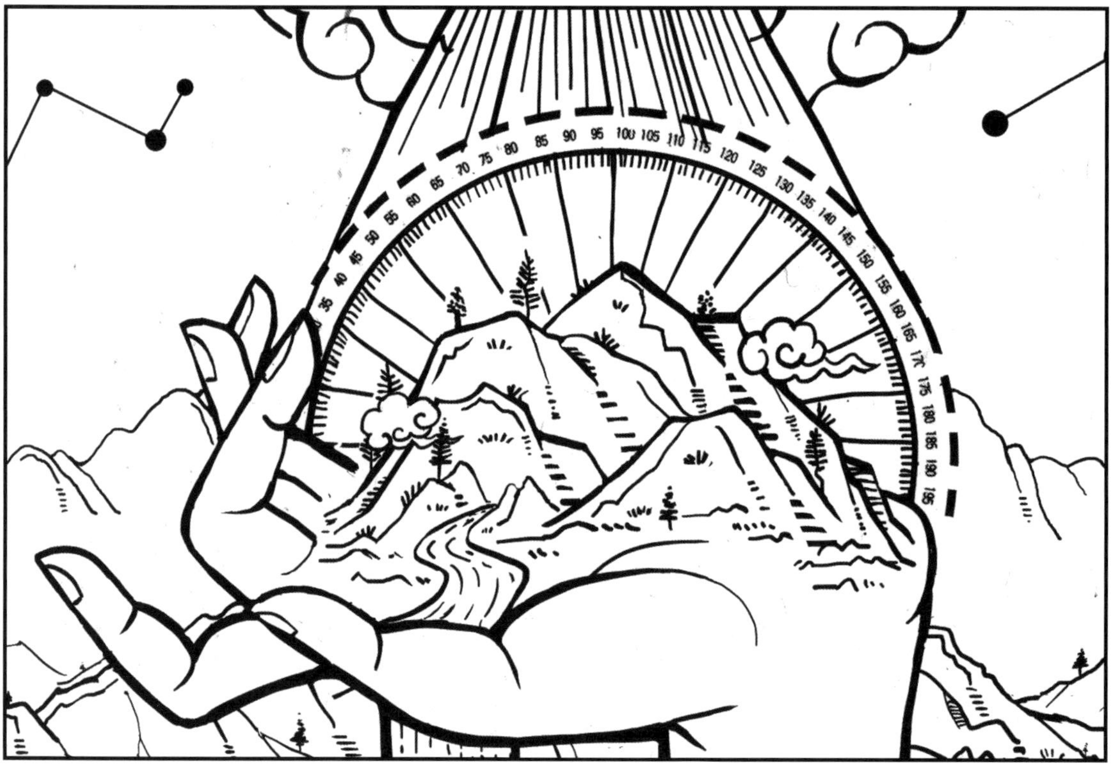

谈到风水，现代人往往感觉很玄妙，其实风水即地理气候。风，因空气流动而生，象征“天”，代表日照、降水、温度、湿度等气候条件；水，沿地势变化而流，象征“地”，代表水源、土壤、地形、地貌等地理条件。

风水就是中国传统文化中研究自然环境与宇宙规律的哲学。风水的核心是将“人”作为“自然”的一部分，强调人与自然的和谐，以达到“天人合一”“阴阳平衡”，从而实现“五行相生”的境界。

世界各名酒酿造地的诞生，都不约而同地遵循着天地的风水法则。不同的风水条件，造就了全球风格迥异的名酒产区，“存异”的同时，又极尽默契地“求同”，这就是“五行相生、天人合一”的酿造智慧。或许这正是形成“世界名酒带”的“神秘”因素。中国白酒金三角、法国波尔多产区、美国加州纳帕河谷……世界最好的酿酒地，“下意识”地聚集在北纬30°附近。

作为蒸馏酒，白酒拥有水的形态、火的性格，它有着冷的触感，却在饮用后升腾起暖阳的感受。其整个酿造过程，都贯穿着“天人合一”“五行入酒”的酿造法则。以中国浓香型白酒的代表——泸州老窖的酿造法则为例，可见一斑。

“天地同酿·人间共生”的酿造哲学

“在地球同纬度上，只有沿长江两岸的泸州，最适合酿造优质纯正的蒸馏酒”，联合国教科文组织的官员和专家在描述泸州浓香型原产地白酒时，曾给予极高评价。

不可复制的地理环境，为泸州酿造好酒准备好了水源、土壤、气候、空气中的微生物……

始建于公元1573年（明代万历元年）的国宝窖池和传承24代的国家级非物质文化遗产传统酿制技艺，正是“天人合一”的完美演绎。

“五行入酒”的酿造理念

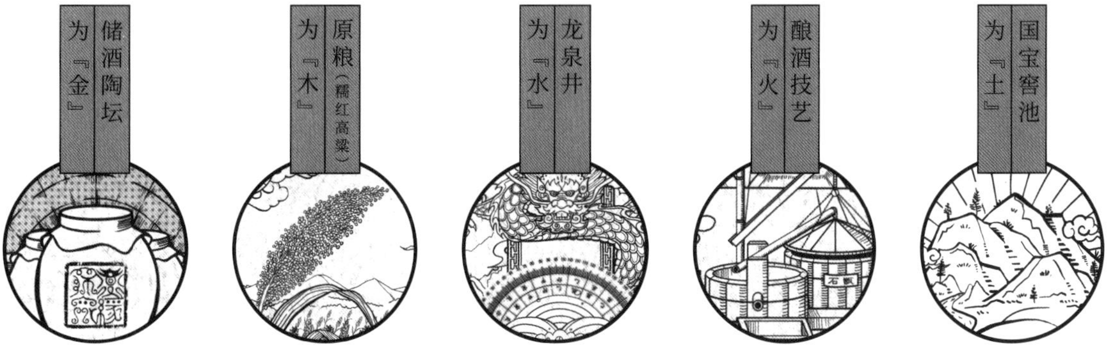

五行和合，相生相融，这就是一小杯中国白酒的“五行”哲学。

而在遥远的西方——法国葡萄酒波尔多产区，人们奉行着酿造的“风土法则”。

波尔多的独特“风土法则”

法国勃艮第大学曾经使用先进的质谱仪对两个相距仅两千米的葡萄园出产的葡萄酒进行了分析：两个葡萄园种植同样的葡萄品种，由同一个人管理，但两种葡萄酒却在主要化学物质比例，特别在赋予酒体特殊口感和香气的酚类物质方面，呈现出了明显区别。而造成这种酒体风格差异的因素，法国的酿酒专家称之为风土。

葡萄酒产区传统主要来自各个葡萄酒出产地不同的“风土”。一块面积可能只有区区1公顷甚至更小的葡萄园，由于它独有的地理、地质和气候条件，再加上酿造者自身对葡萄酒的理解，就足以为这块土地的出产赋予一种独一无二的特质。我们把这种微妙的特质称为风土。

——卡思黛乐总裁阿兰·卡思黛乐

葡萄酒标上的风土信息

葡萄酒标通常分为品种葡萄酒和产地葡萄酒。产地葡萄酒是以原产地等级来命名的。欧洲葡萄酒大多以产地来命名，产区往往决定一瓶酒的风格特征。

法国有个专用词“terroir”，意义包含了某个葡萄园或某个葡萄产区所有的自然因素，如土壤、环境和气候等。

葡萄酒的五行元素

如果把葡萄酒的酿造与五行对应，会发现其与白酒有异曲同工的巧合：

金：土壤中的微量元素

木：酿造原料葡萄，橡木桶

水：水源

火：光照，温度

土：原产地

尽管存在东西方语境表述上的差异，但无论是“风水”还是“风土”，都印证着“酒”作为人类情感的世界语言，在酿造上有着殊途同归的跨国界共识。我们可以这样理解：地理、气象、环境、生态、物质等多种因素的和谐相生，是美酒酿造的必然法则。

蜀南，中国白酒的摇篮

天造四川

在古蜀神话中，四川自开天辟地以来便是“四塞之地”，万山隔绝，飞鸟不渡。直到秦惠王灭蜀，也需要诱骗古蜀王“五丁开山”。相对封闭的地形环境，并不能磨灭古蜀人飞扬、激昂的激情与梦想。自传说中的蚕丛、柏灌、鱼凫开创古蜀王国，历经杜宇、鳖灵、开明王朝的耕耘，四川形成了与中原文明“藕断丝连”却又风格鲜明的古蜀文明，如三星堆文明、金沙遗址等。

◎三星堆青铜面具

《三国志·诸葛亮传》记载：“益州险塞，沃野千里，天府之土，高祖因之以成帝业。”简单地说，就是四川土壤肥沃，物产丰富，易守难攻，是建立帝业的根基所在。西汉、蜀汉皆据四川而称帝，唐玄宗、唐僖宗都曾避乱成都。

四川能成为名副其实的“天府之国”，有着属于自己的“天时地利人和”。这也正是中国白酒金三角诞生的基础。

战国时，李冰父子入蜀主持修建都江堰，令巴蜀文明达到空前繁盛。四川逐渐斩获原本属于“关中平原”的“天府之国”之名的“专利权”。“天府”，是替周天子掌管府库的官职。以此命名，可见当时的四川有多繁荣富足。

四川盆地从南北方向看，北边是寒冷干燥的陕甘地区，南边是温暖湿润的云贵地区，四川盆地则是一个交汇处与过渡区；从东西方向看，西边是以游牧为主的康藏高原，东边是以农耕为主的江汉平原，四川盆地又是一个交汇处与过渡区。这一独特的地理环境造就了今日的四川盆地就是一个天然的酿酒发酵池。

——巴蜀文化史学家袁庭栋

中国白酒金三角

中国白酒金三角地处“天然酿酒发酵池”南端，气候温湿，水量充沛，常年年均温差、昼夜温差小，湿度大，日照时间短，为酿酒微生物生长提供了优越的栖息环境。

“窖池”底部的红色土壤富含磷、铁、镍、钴等多种矿物质，适宜种植糯性强、高品质的高粱。

发源于青藏高原的长江、岷江，始于云贵高原的赤水河，以及来自西伯利亚的寒流和来自太平洋、印度洋的暖湿气流，携带着大量的营养物质和微生物菌群在这里相互交织，只为成就一滴美酒。

◎中国白酒金三角水系示意图

沱江
龍泉井
國窖
泸州
长江
赤水河
仁怀

丰厚的物质底蕴，相对隔绝的地形，提供了安全舒适的生存环境，催生了巴蜀人乐天知命的天性。这里的人们崇尚诗酒自由，追求悠闲安逸的生活。

饮酒是古蜀人生活中不可或缺的一部分，影响着来往的过客。透过情趣生动的汉代麒麟温酒器，我们仍能窥见古蜀人在历史长河中传承不止的酿酒传统与品饮情调。

“蜀南有醪（láo）兮，香溢四宇。”司马相如以赋寄情，游历江阳，别时最难忘的怕是蜀南酒香。执一杯蜀南佳酿，“且邀明月醉花间”，对于爱酒却酒量不大的苏轼来说，三杯已经很尽兴了。公元1324年，蜀酒进入历史的转角。泸州人郭怀玉创制“甘醇曲”用以酿酒，开启中国白酒大曲酒的历史。郭怀玉为中国白酒香型演化、百花齐放奠定了坚实基础，被誉为“中国大曲酒之祖”，亦被称为“制曲之父”。

丰厚的酿酒物质基础，不断提升的品饮精神需求，悠久的酿酒传统，得天独厚的地理气候条件……缔造了全球最好的白酒产地——中国的白酒金三角。这块以泸州、宜宾、仁怀为中心方圆不超过5万平方千米的区域，孕育了泸州老窖、茅台、五粮液、沱牌、郎酒等享誉全球的白酒品牌，扛起了中国白酒产业的半壁江山。其中，素有“中国酿酒龙脉”之称的泸州，是中国白酒金三角一颗夺目的明珠。

◎泸州平流雾意境图

◎泸州地理气候示意图

中国酒城泸州，位于四川省川滇黔渝结合部，这里四季分明，气候温润，雨热同季，是中国白酒金三角的核心腹地。

泸州位于国家三级地理分级的中心。泸州之北为被誉为“天府之都”的成都，之南为“林城”贵阳，之西为“春城”昆明，之东为“山城”重庆，而泸州处于它们之间，兼具四个城市的气候特点。同时，泸州位于长江、沱江两江交汇处，水源充沛，土壤肥沃。

这样的地理气候条件，最适合栽种酿造好酒必不可少的小麦、糯红高粱等，也适合酿酒微生物的生长和繁衍，这就为传统固态发酵的中国白酒提供了先天优势。

刹那即永恒，
决定性的历史瞬间

文明的发展绝大多数时候是不平衡的，古时的东方文明很长时间遥遥领先于西方文明，至近代，又迅速被西方文明超越。如果说东西方文明的发展在某个时期开始出现深远的交汇，那便是16世纪，东西方文明刹那间几乎重叠。

16世纪的黄金时代

始于14世纪的文艺复兴运动历经近三百年，在16世纪末终于进入尾声。这一时期的欧洲涌现出许多不朽的科学和文艺巨匠，他们高举文明之火，驱散欧洲中世纪持久的黑暗。教会的势力被不断削弱，公民自主权觉醒，迅速发展的科技解放了劳动力，更多的人涌向城市，资本主义开始萌芽并迅速发展。因对物质和金钱的渴望催生出的“航海热”，把世界不同地域的文明联系到一起，地理大发现时代开启，殖民浪潮席卷全球，大量财富被运往欧洲。

于是，在物质得到极大满足的同时，人们开始追求更高的精神享受，法国的波尔多地区酿酒业迅速发展，该地区产出的葡萄酒源源不断供应欧洲各国，成为各王室及上流社会必不可少的饮用品。葡萄酒文化由此逐渐成熟，产地与酒质选择彰显着个人财富与品味。正是在这种广泛的交流过程中，葡萄酒的品饮法则趋于统一，其形成的标准影响至今，历经几百年，波尔多仍在续写着葡萄酒传奇。

与此同时，东方的明朝正值中后期，这是中国封建社会最后的黄金时代，文化、经济、科技、手工业都达到了新的高峰。在科学技术、文化艺术及哲学思想领域，涌现出了许多出类拔萃的大家，在很多方面取得的斐然成果在今天看来仍十分先进。

特别是长江流域一带，魏晋“衣冠南渡”以后，大量人口南迁，中国经济重心渐趋南移。至明代时，文化极度成熟，科技助推农业技术进步，劳动力获得解放，手工生产快速发展，社会分工扩大，大量手工作坊兴起，商贾云集，“资本主义萌芽”在明代中叶继续发展，长江流域已经取代黄河流域，成为中国经济、文化的大动脉。

明式生活美学

丰裕的物质条件、市民阶层的世俗文艺需求与士大夫文化的审美情趣，共同构筑起精致的明式生活美学，把中国古代造物美学在明后期推到了巅峰。在文学与绘画之外，明式审美扩大到园林、居室、器用、琴律、游历、收藏、品茗、饮酒等广泛领域。

这一时期，士大夫阶层往往出于对自身居住环境艺术化的要求，特地寻访对自己设计意图和审美趣味心领神会的工匠，营造园林居室，定制陈设器用。文人意匠下的造物，不复有宗教的力量和磅礴气势，成为精致和温文气质的产物。明书画家沈春泽在《长物志》序言中直言，这些雅物对于自身而言是多余之物，但其实有许多人视之为连城美玉，不惜一掷千金。沈春泽认为，在这种宝贵的多余之物上，能见品玩者的品格德行，能看出一个人有没有韵、才、情，而没有韵、才、情的人不能驾驭它们，格调自然也就不相契了。

明朝士大夫阶层基于这种审美要求构建生活，这种审美理念的核心就是删繁去奢。“宁古无时，宁朴无巧，宁俭无俗”，自然、素雅、低调又包含一丝教条，所谓“贵介风流，雅人深致”，一切金玉不若素质有天然之妙。于是，书画要清新自然，室庐要萧疏雅洁，园林要灵性天成，器具要庄重典雅，琴棋要朴实无华……所有明式美学生活的构成几乎都已完备，唯独缺酒。

众所周知，自中国酒被发现和酿造以来，便与文人紧密联系，诗酒趁年华，明中后期士大夫阶层急需一款酒能匹配当时已然成形的美学生活。

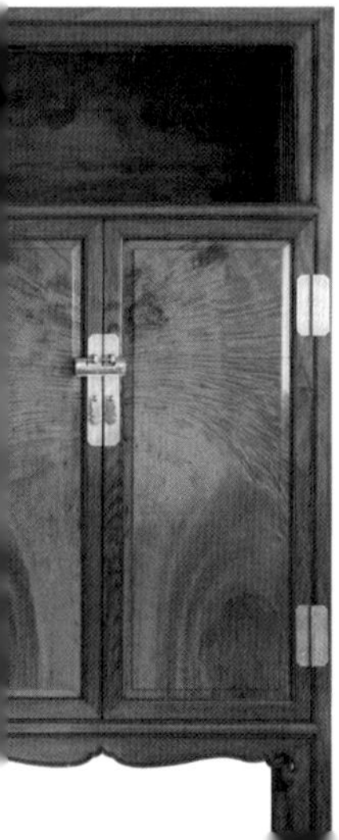

文艺复兴时期的明代

16世纪，大明王朝与文艺复兴时期的欧洲，不约而同地发生了影响全世界的社会变革。明代，作为中国封建社会最后的黄金时期，文化、经济、科技、手工业等都达到了新的高峰。在这极致的时代，公元1573年，国宝窖池群在中国酒城泸州开始了它的酿造使命。我们是幸运的发现者，在最好的时光遇见最好的它……

◎《永乐大典》

文化

◎《永乐大典》，迄今为止世界最大的类书。

◎ 明代昆曲，引领中国剧坛风潮近300年，代表作有《牡丹亭》《长生殿》《桃花扇》等。

◎《金瓶梅》，中国第一部文人独创的世情小说，以世俗平凡人物作为题材。

◎“阳明心学”，中国传统文化精粹，日本“明治维新”的思想武器。

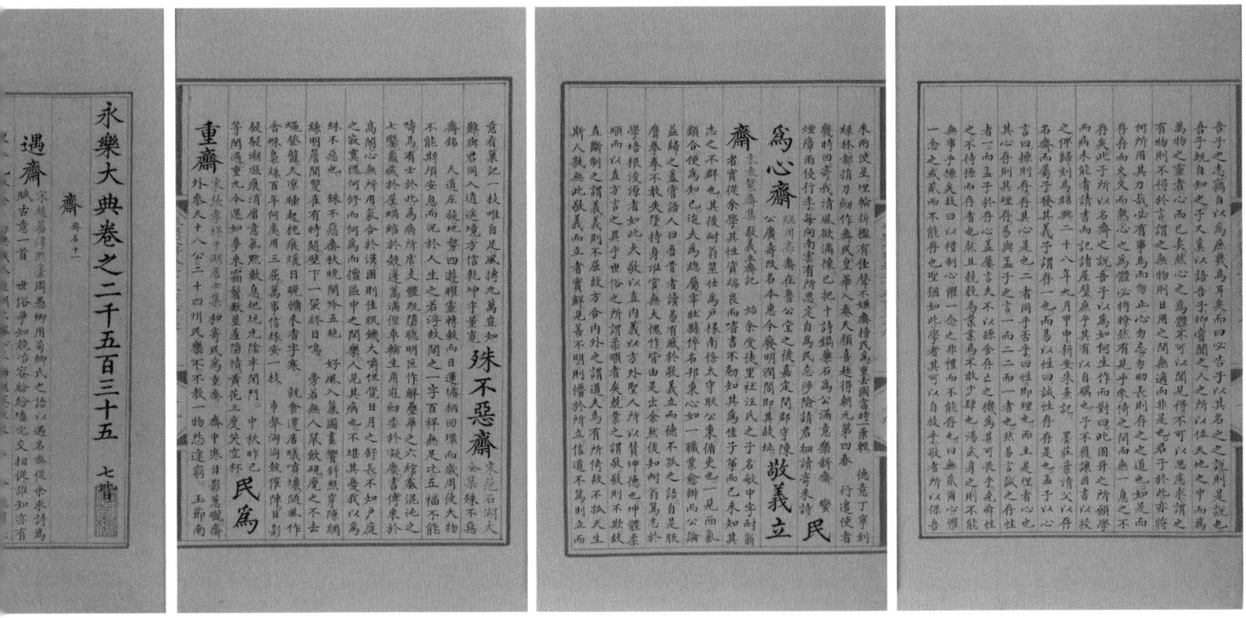
永樂大典卷之二千五百三十五
殊不惡齋
重齋
民爲
爲心齋
敬義立
民

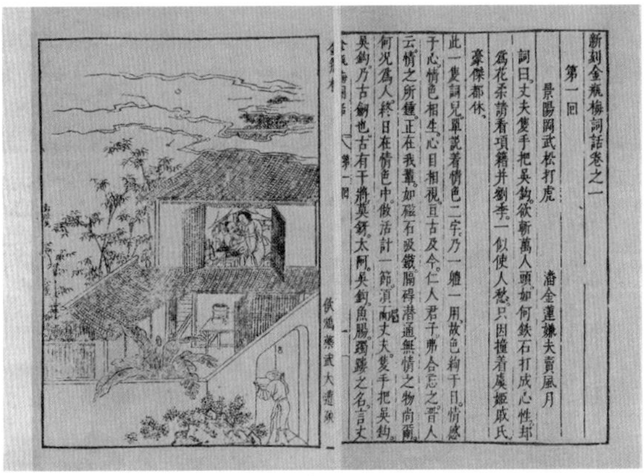
新刻金瓶梅詞話卷之一
第一回
景陽岡武松打虎　潘金蓮嫌夫賣風月

◎《金瓶梅》

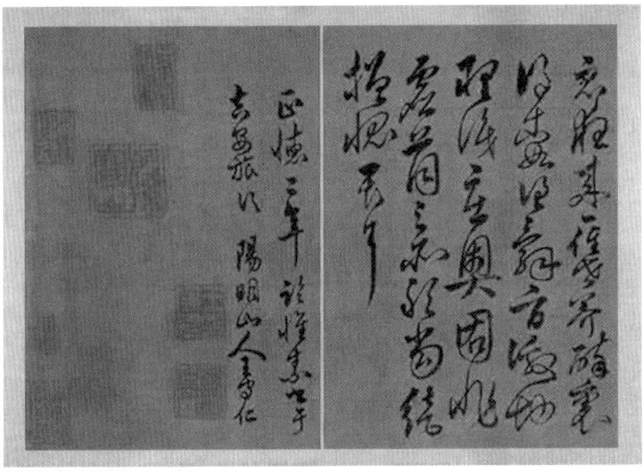

◎“阳明心学”

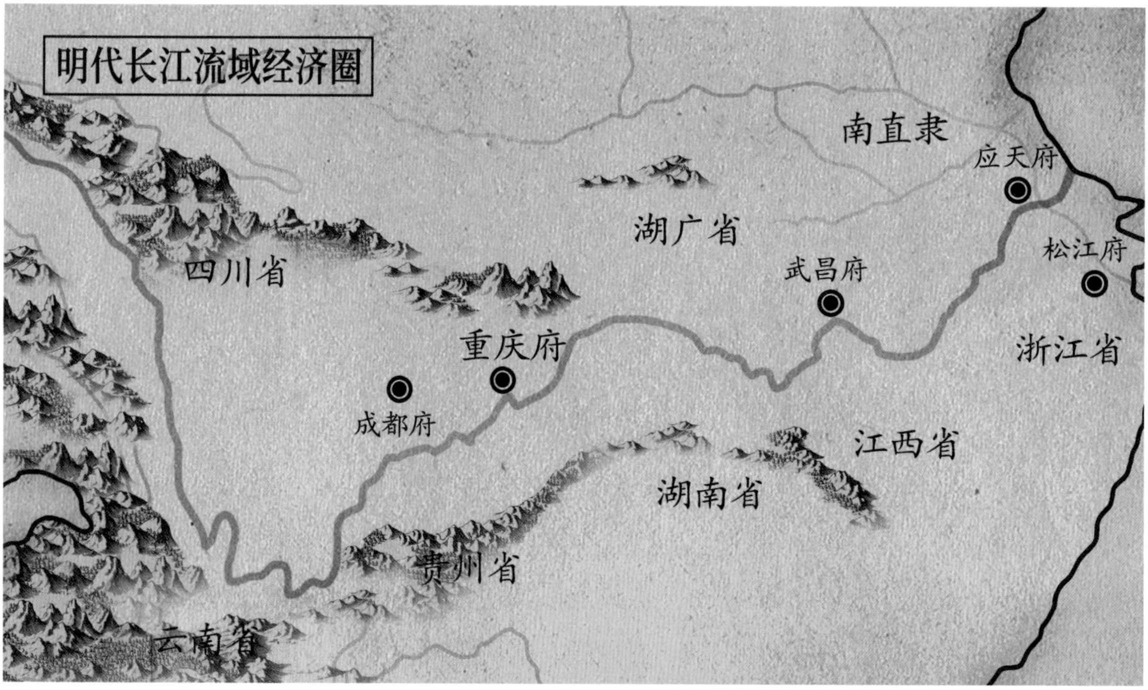

经济

经济重心南移，长江流域经济圈成为当时中国的经济、文化中心。

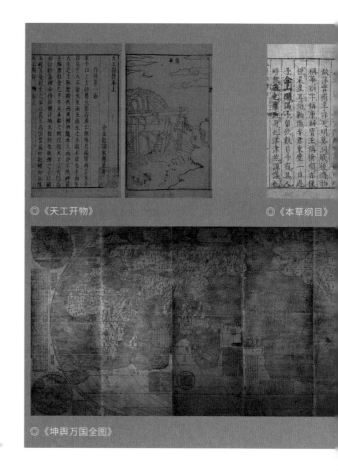

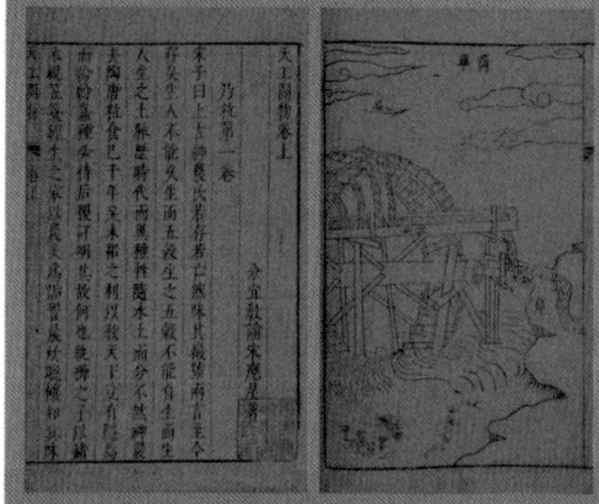

◎《天工开物》

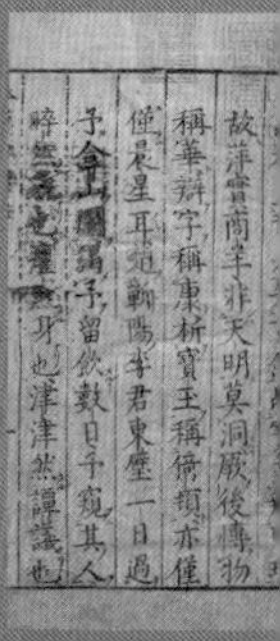

◎《本草纲目》

◎《坤舆万国全图》

科技

◎《天工开物》，宋应星著，中国17世纪的工艺百科全书。

◎《本草纲目》，李时珍著，本草学集大成之作。

◎《坤舆万国全图》，李之藻、利玛窦绘，迄今世界最早的世界地图。

对外交流

郑和下西洋，访问亚非30多个国家和地区，最远到达红海沿岸和非洲东海岸地区，是古代世界航海史上规模最大、时间最久的远洋航行，开启了东西方文明互鉴的航海时代。

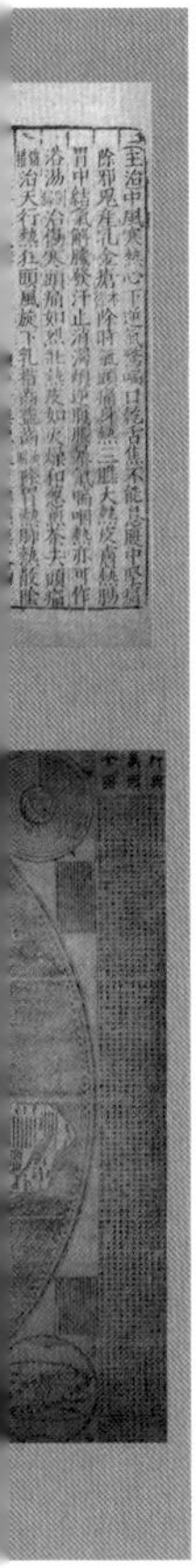

艺术审美

明青花、明式家具超越时代的高级审美，即使放在现代仍具备时尚的领袖力。

远销世界各地的明代青花瓷，深受世界各地人民的喜爱，逐渐形成了横跨亚欧的“青花文化圈”，明青花也蜕变为世界共同的审美艺术。

白酒元年，偶然与必然的奇点

正如生命的诞生，是进化中无数次的偶然和必然的结果，酒的诞生，也源于无数次偶然的自然发酵。白酒的诞生，也是如此。

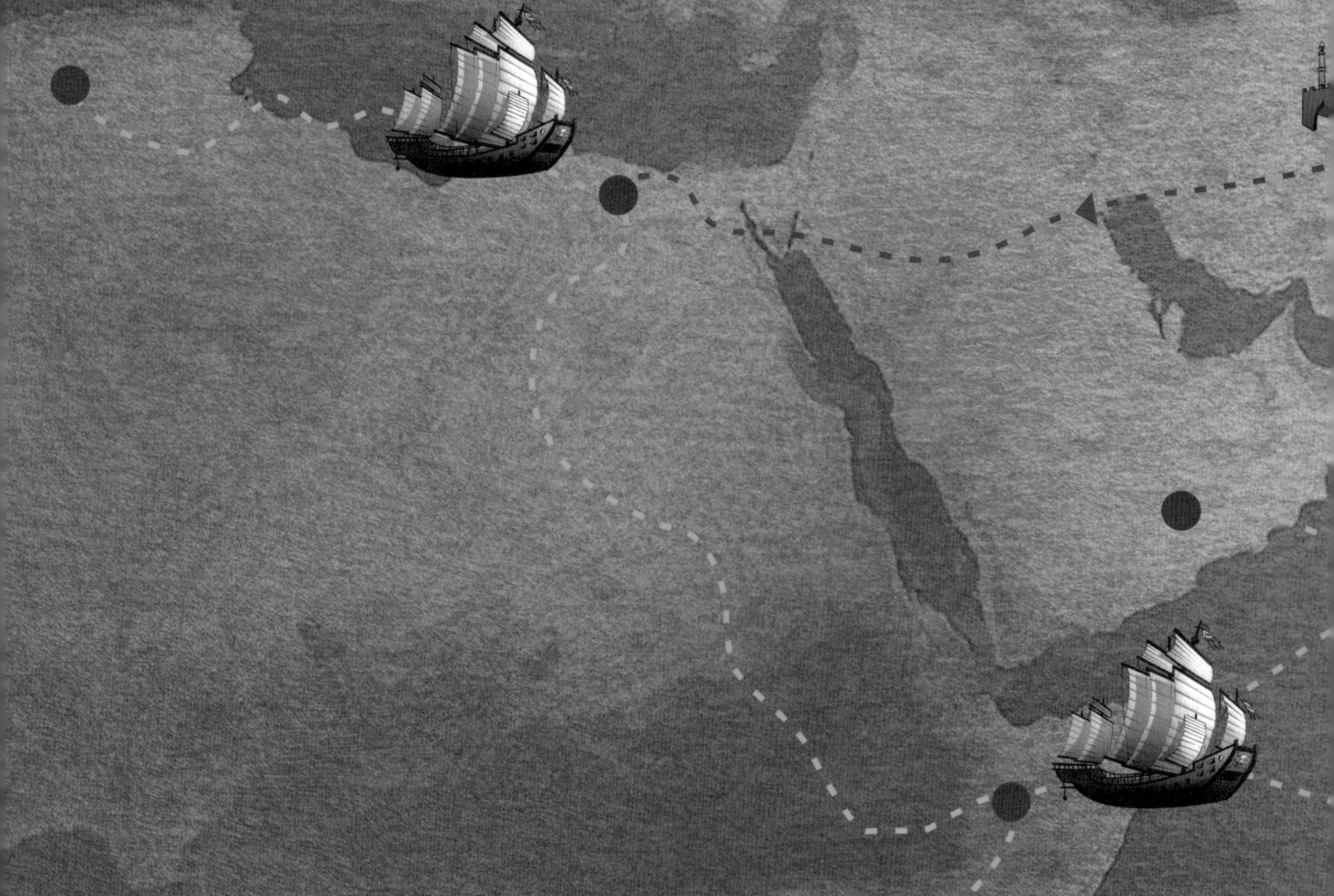

迄今为止，世界各蒸馏酒的诞生大多没有确切的考证，但根据各自现存的有明确记录的历史，我们可以发现，世界各蒸馏酒约诞生于同一时期，前后相差不过两三百年。我们来看看关于各蒸馏酒来源的一些说法——

苏格兰威士忌：15世纪末，天主教修士约翰·科尔将酿造的蒸馏酒命名为Visagebeatha，被认定为威士忌“Whisky”名称的由来。

法国白兰地：16世纪，为解决远洋航行中葡萄酒变质问题，进行两次蒸馏而得来的葡萄蒸馏酒。

俄罗斯伏特加：在1533年的俄国编年史中，第一次提到“伏特加”，意为“药”。

古巴朗姆酒：16世纪，蒸馏技术经新航路传至美洲，与当地的甘蔗汁制酒结合而诞生的一种甘蔗烧酒。

荷兰金酒：17世纪初期，由荷兰莱顿大学西尔维厄斯教授所创。

墨西哥龙舌兰酒：诞生于18世纪中期，其原因同古巴朗姆酒一样，是新航路开辟后，西方蒸馏技术与当地酿酒传统结合的产物。

《洋酒品鉴大全》，日本成美堂出版编辑部编，高岚译，中国民族摄影艺术出版社

因为《洋酒品鉴大全》一书只是专注于“洋酒”的研究，所以书中并未涉及中国白酒。事实上，早在秦汉时期，乃至更早的时候，中国便已经有了蒸馏技术。在漫长的东西方文化交流中，蒸馏技术用于酿酒开始实现产业化发展，15至17世纪世界各蒸馏酒的大量涌现，便是这一人类成果的最佳展现。而泸州老窖甘醇曲、1573国宝窖池群的诞生，也证明了这一时期东方蒸馏酒的兴盛。

①唐朝，阿拉伯商人将炼丹术带到阿拉伯地区

相遇，相别，重逢，这是一次关于酒的旅行。

公元3世纪，基于对长生不老、点石成金的渴望，中国的统治阶层迷恋上炼丹术。唐朝，阿拉伯商人遇见炼丹术，成就一段轮回的开始。借由丝绸之路，阿拉伯商人将炼丹术带回了阿拔斯王朝。

②中国的炼丹术与阿拉伯炼金术的关系

或许，对商人而言，点石成金远比长生不老更为诱人。追求黄金的欲望，让炼丹术在阿拉伯商人手里蜕变为炼金术。蒸馏技术得到进一步完善，但它最初的存在，并不是为了酿酒。

③轮回的归宿，中国白酒的升华

有一种说法，来自阿拉伯的蒸馏器与蒸馏酒技术，经海上丝绸之路自川贵地区来到中国，由此完成中国蒸馏酒的宿命轮回，这与今天中国白酒金三角产区（四川、贵州）不谋而合。近年来文物考古发现的诸多元明时期的白酒酿造文物遗址，也印证了这一观点。

（另一说法，刚战胜阿拉伯帝国的蒙古大军回到中国后，马不停蹄地南下攻宋，蒸馏器及蒸馏酒技术由此传遍中国。）

1324年，制曲之父郭怀玉发明“甘醇曲”

制曲之父郭怀玉发明“甘醇曲”，酿制出第一代泸州大曲酒，开创了浓香型白酒的酿造史。

古酒法传
石甑
冰桶
牛尾巴

1573年，舒承宗来到古城江阳，始建国宝窖池群

彼时，位于长江上游的江阳（泸州），恰好是富庶的天府之国与长江中下游经济圈的衔接枢纽，这里自秦汉起酒风浩荡，城内酒坊星罗棋布，有着悠久的酿造传统和不可复制的酿造资源。

特殊的地理位置，适宜的自然气候，独特的水质，长久的酿造技术累积，市民阶层的发展，以及士大夫阶层生活美学需求的助推，一切必然和偶然的因素都指向江阳。几乎与波尔多葡萄酒产区的成形同时，公元1573年，位于中国江阳营沟头的窖池群开造，其酿出的白酒品质出众、口齿留香，用今天专业的话说，“无色透明，窖香优雅，绵甜爽净，柔和协调，尾净香长，风格典雅”。

公元1573年国宝窖池群的开造，是历史上的刹那，却也缔造了中国白酒的永恒传奇。当时，江阳国宝窖池酿造白酒一经产出，仰长江航运之利，顺流而下，顿时风靡，引来士大夫阶层争抢，成为明式生活美学的组成部分，形成了颇具格调的明式酒席文化，奠定了中国白酒的未来，并由此开创中国白酒的品鉴之道，一直延续至今。

龍泉井
舒聚源
酒窖

◎舒承宗坐画像

【舒承宗与1573国宝窖池群】

舒承宗，四川泸州人。明嘉靖年间武举人，在陕西略阳做武将。明万历元年，在泸州南城营沟头以“前店后坊”的方式开建窖池群，创办“舒聚源”酒坊（即泸州老窖的前身），成为舒家创办酿酒作坊第一人，被誉为“国窖始祖”。

舒承宗是泸州大曲工艺发展史上继郭怀玉、施敬章之后的第三代窖酿大曲的创始人，从事生产经营和酿造工艺研究，总结了“配糟入窖、固态发酵、酯化老熟、泥窖生香”的一整套大曲老窖酿酒的工艺技术，使浓香型大曲酒的酿造进入“大成”阶段，为以后全国浓香型白酒酿造工艺的形成和发展奠定了坚实的基础，从而推动泸州酒业进入了空前兴旺发达的时期。

舒承宗于1573年开建的窖池群幸蒙历史眷顾，连续使用至今已有440余年，在1996年被评为全国重点文物保护单位，成为与都江堰并称的“活文物”，被誉为“1573国宝窖池群”。

【“12369”揭示的浓香密码】

自公元1324年起，泸州老窖酒传统酿制技艺，仅限于师徒间的“口传心悟”，历经24代人的用心领悟和传承，如今已跻身“中国非物质文化遗产”和联合国“人类口头与非物质文化遗产”名录。以“12369”为代表的工艺特征，正是这一技艺精髓的提炼与解读。

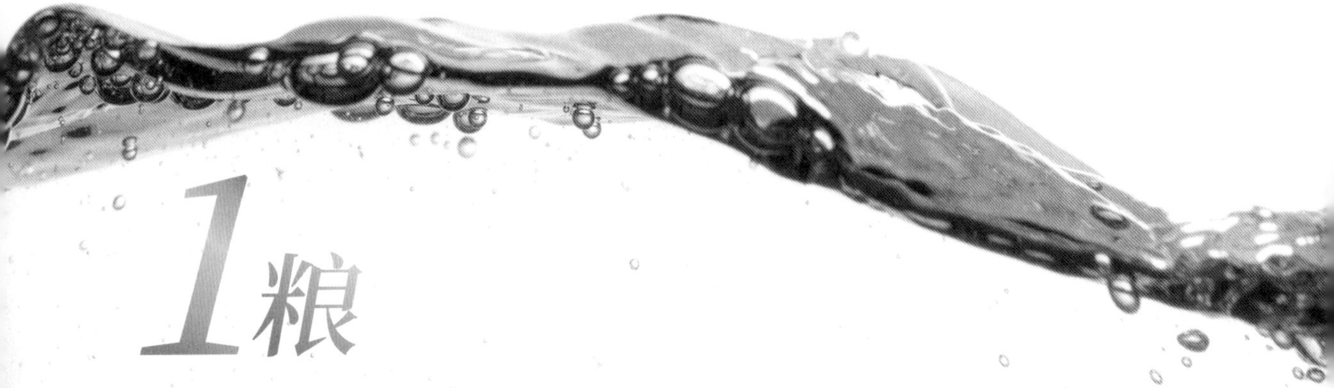

1粮

单粮酿造：泸州老窖一直采用酿酒的最好原粮——川南有机糯红高粱。

2长

(1) 连续发酵周期最“长”：坚持“泥窖生香”“续糟配料”工艺，其窖池“不可间断、不可复制、不能迁徙”。

(2) 单排发酵期最“长”：在世界蒸馏酒的品类中，浓香型白酒的单排发酵期最长，普遍不低于60天，其中泸州老窖更是长达90天到180天。

3中

(1) 中温大曲：甘醇大曲发酵顶火温度约55°C，微生物生长良好，各种酿酒功能菌种纯正丰满。

(2) 中温发酵：严格控制中温入窖，根据季节做相应的微调，确保酵母菌32°C最佳发酵温度。

(3) 中温馏酒：上甑时间45分钟左右，馏酒速度每分钟3～4千克，馏酒温度25～35°C，在有效去除低沸点杂质之余，尽可能减少酒损，确保酒质甘绵爽净。

《赋能》（李宾、牟雪莹主编）一书，对泸州老窖的酿酒工艺曾做过这样的解读：

以“12369”为代表的独有工艺特征，融汇了中华民族5000年农耕智慧的精髓——“单粮”是高贵、纯正血统的保障；“二长”是时间的最好馈赠，是时间的艺术；“三中”是执两用中、不偏不倚、过犹不及，是“中庸之道”的中国智慧；“六分”是“一分为二、化整为零”的朴素辨证法实践和“按级定价，童叟无欺”的朴实营销哲学；“九九归一”操作法是泸州老窖酒传统酿制技艺的进一步操作法则。

6分

(1) 分层投粮：窖内分上、中、下层糟，根据不同层次分别投粮。

(2) 分层发酵：双轮底糟、母糟、面糟分别单独发酵。

(3) 分层堆糟：糟醅出窖后，将分别堆砌、垂直挖取，保证每甑的糟醅一致。

(4) 分层蒸馏：各层次糟醅在发酵过程中，其发酵质量是不一样的，所产酒的质量也不一样。

(5) 分段摘酒：除去酒头后，将基础酒分数段摘取，其中以中段酒最佳。

(6) 分质并坛：将经过验收、定级的基础酒，按照等级、风格的一致性进行组合后单独存储和陈酿。

9九九归一

(1) 一年一个周期：从头年9月中旬开始到次年7月初为一个酿酒生产周期。糟醅全年发酵，年复一年，周而复始。称之为“千年的老窖，万年的酒糟”。

(2) 两种酿酒粮食：糯红高粱、软质小麦（曲药）。

(3) 三大藏酒山洞：纯阳洞、醉翁洞、龙泉洞。

(4) 四个轮次发酵：春、夏、秋、冬四季投粮发酵，续糟配料，经年轮回。

(5) 五种典型酒体：窖香、陈香、馥郁、醇厚、绵甜。

(6) 六分法工艺经：分层投粮、分层发酵、分层堆糟、分层蒸馏、分段摘酒、分质并坛。

(7) 七大酿酒资源：地、窖、艺、曲、水、粮、洞。

(8) 八项糟醅指标：酸、淀、水、温、色、香、味、形。

(9) 九字传世技艺：匀、透、适、稳、准、细、净、低、柔。

英国，威廉·布尔发表《论海上霸权》，伊丽莎白女王一世利用海盗贸易进行财富积累，为『日不落帝国时代』的开启奠定基础。

荷兰，『海上马车夫』借着尼德兰革命，乘势崛起。

菲律宾，第一艘马尼拉大帆船（属于西班牙商人）抵达马尼拉，开启欧、亚、美三洲贸易。

中国香港，明朝扩建东莞守御千户基地，始建新安县，辖区包括现在的深圳、香港地区。

文艺复兴时期英国戏剧家莎士比亚，9岁，在斯特拉福文法学校读书，23年后（1595年），其创作的戏剧《罗密欧与朱丽叶》《仲夏夜之梦》正式上演。

西班牙小说家塞万提斯，26岁，32年后，他创作的《唐·吉诃德》（第一部）问世。

明代戏剧家汤显祖，23岁，25年后（1598年），在昆山南街拂石轩内写成《牡丹亭》，原名《还魂记》

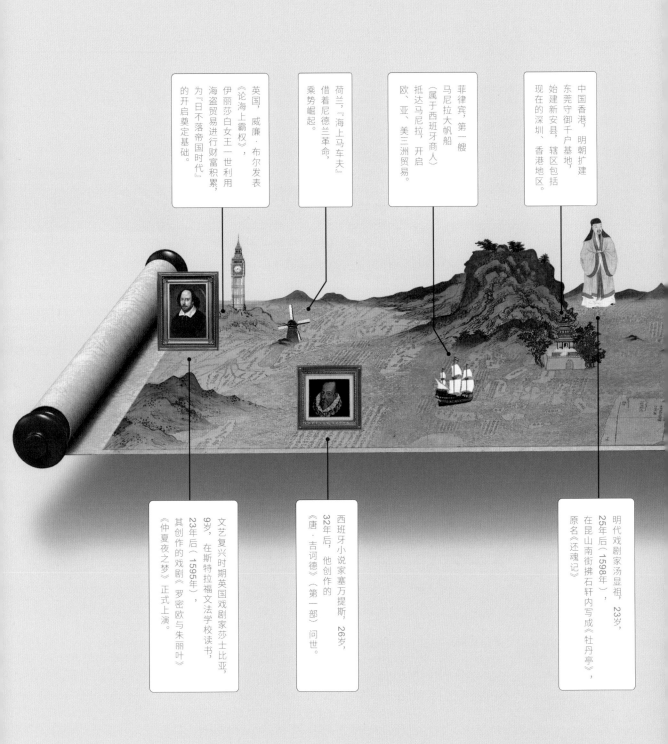

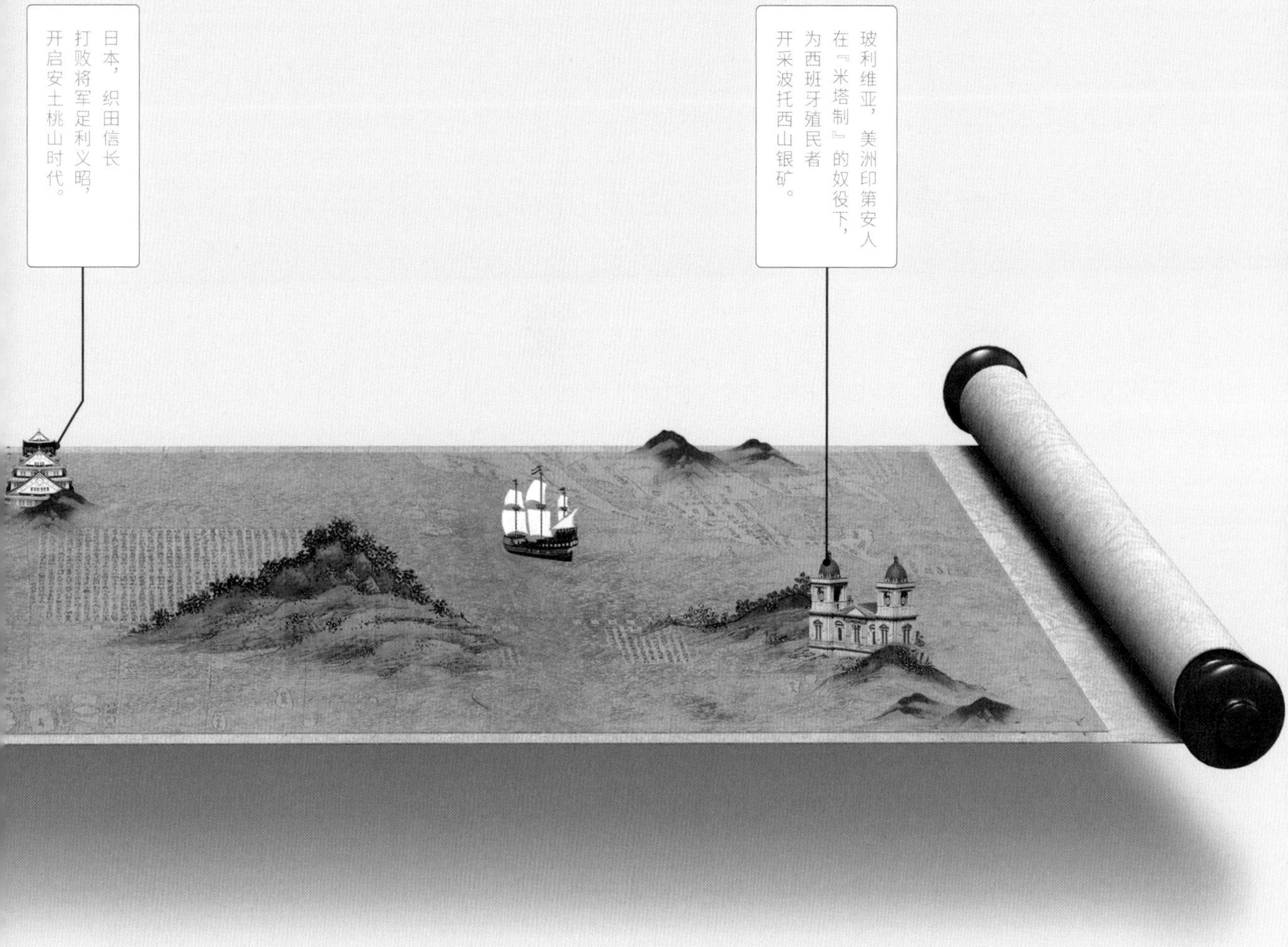
日本，织田信长
打败将军足利义昭，
开启安土桃山时代。
玻利维亚，美洲印第安人
在『米塔制』的奴役下，
为西班牙殖民者
开采波托西山银矿。

1573，浓香之外的世界

1573年，一个普通的时间坐标，却连接着不平凡的历史。
当舒承宗专心凿建1573国宝窖池群的时候，世界都在做什么？

一滴酒的宇宙观

“科学有其尽头，地理才是关键”，站在孕育酿酒奇迹的北纬28°，你仰望的是哪一方宇宙？

新酿出酒，酒花翻腾，恰似星云。自人工酿酒诞生以来，世界各酿酒产区不约而同地遵循着某种相似的发展原则，坚守着各自的风土特征，以古老酿造方式，信守一方风水，保持自己独特的风味。

而这正是世界酿酒“五行共存”的思想，也是一滴酒的宇宙法则。在酒的宇宙里，金、 木、 水、 火、土五大超星系团，构成酒的宇宙的物质时空，成为不可或缺的酿酒要素。各酿酒要素蕴含的微量成分，则是低一级的宇宙单元“星际云”。

五行相济，大道归一。
当来自各星系群的星际云，历经时空的“修炼”， 融合成一滴酒，又是新的宇宙的诞生。萃凝物质的自然之美，酝酿精神的艺术之美，一滴酒的诞生，源于无数次偶然的发酵，历经时间的自我觉醒与空间的融合嬗变，于偶然与必然的奇点，实现生命层次的跃进，沉醉酒的 “和美” 宇宙。

◎首批“国家级非物质文化遗产”——泸州老窖酒传统酿制技艺

◎“全国重点文物保护单位”——1573国宝窖池群

◎泸州老窖天然藏酒洞原酒陶坛

◎川南有机糯红高粱

◎泸州凤凰山麓龙泉井水

[水]

泸州老窖酿酒所用的龙泉井水，为凤凰山地下水与泉水的混合，是最优等的酿酒资源，它水质纯净，硬度适宜，富含矿物质精华，酿出的酒清洌甘爽、无异杂味。

[土]

取材五渡溪黄泥的1573国宝窖池群，440余年不间断使用，富集600余种酸、酯、醇、醛等酿酒有益微生物，增香明显，酒质日臻完美。

[火]

蒸馏，是水与酒精的分离；勾调，是不同微量成分、不同量比的酒的调和。泸州老窖传承690余年传统酿制技艺，创新现代勾调技术，崇古尚新，继往开来。

窑

地

艺

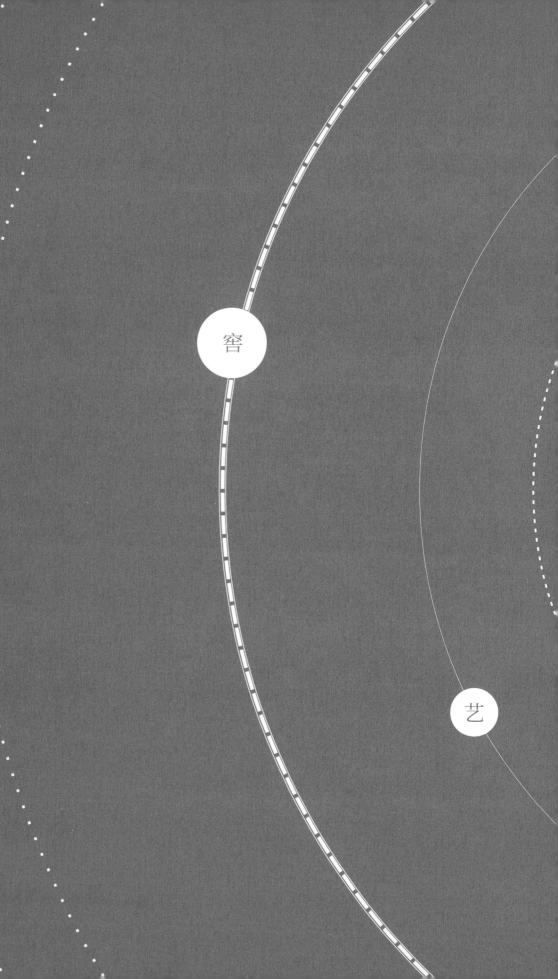

天地同酿
人间共生

水

曲

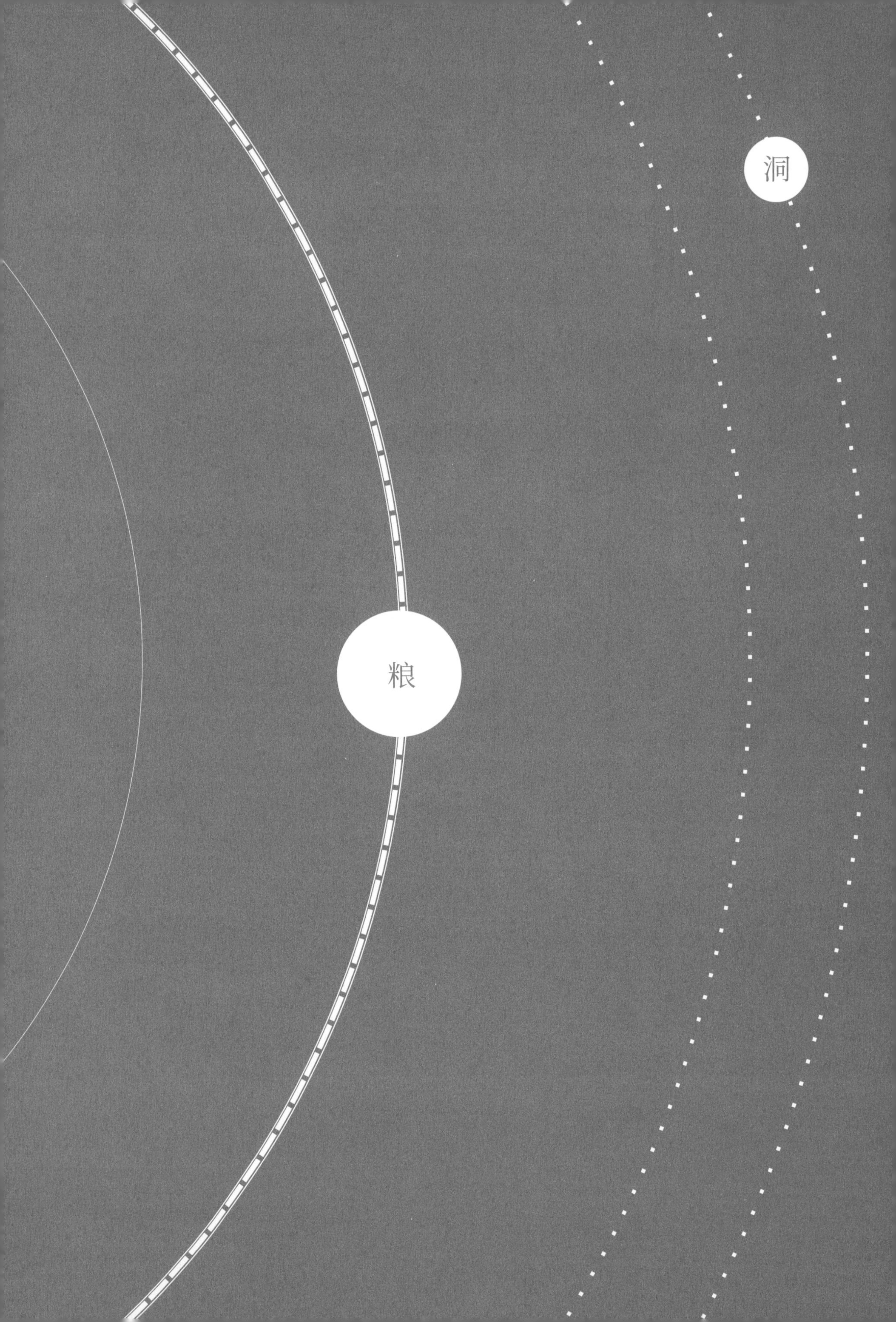
洞
粮

之兴

中国白酒的文化复兴

“道”，是中国人追求的终极理想。

“道”的汉字构成——“首”（头脑，思想）和“辶”（行动，行为），已经非常形象地阐明这是一种朴实的、思想与实践结合的方法和智慧。

与古代西方文化系统对神性的崇拜不同，中国文化很早就窥见了世界的本质，始终以人为核心。就如历史学家许倬云所言，对于中国人来讲，我们没有上帝，天心就是人心，开天辟地的盘古就是人，左眼为太阳，右眼为月亮，头顶是青天，脚底是大地，身上的血脉就是河流，骨骼就是山林……盘古就象征着构成中国人世界观的天、地、人三才，以人为贵，没有人的眼光、没有人的知识，没有人的感情，没有人的智慧，就没有天地。

所以，中国文化所崇尚的“道”，就是人与人、人与万物、人与自然“和谐共生”的相处之道。它也正是中国人基本的生活态度和行为方式。

白酒，作为中国文化的共生产物，处处都凝聚了“道”的精神：泸州老窖在酿造过程中，遵循着“天地同酿，人间共生”的自然精神，是为酿造之道；同时，又在与中国人的世代相处中融汇了“仁、义、礼、智、信”，这是为人之道。

可以说，白酒之道就是中国几千年文化传统妙通天地、心物一体的修行历程。白酒之道，既是酿造之道，也是文化之道、美学之道，更是中国人的生活之道、为人之道……

站在全球化的路口，东西南北八面来风，时代的步履从未如此匆忙，“传统”显得异乎寻常地脆弱和珍贵。怎样存续？又该怎样面对今天和未来？成为一个世界性的问题。

总有人在喧嚣中安顿下来，去传承、去延续、去呵护一个民族的来龙去脉。在长江上游，那个被称为“中国酒城”的地方，有那么一群酿酒人，不仅和他们的先祖一样守道、传道，更“形”“神”兼具地投身中华传统复兴的浪潮中：道生一，一生二，二生三……

从“技、韵、颂、仪、礼、乐”六个维度，践行中国白酒品鉴之道，在传承中复兴中国酒文化，在创新中重新解读中国白酒内涵，让传统与时代在杯中相映成趣。

技

为　民　族　存　技

技者，熟能生巧，必须经过“十次又十次”“十年又十年”的坚持、积累，才能形成精湛的技艺和顶级的水准。

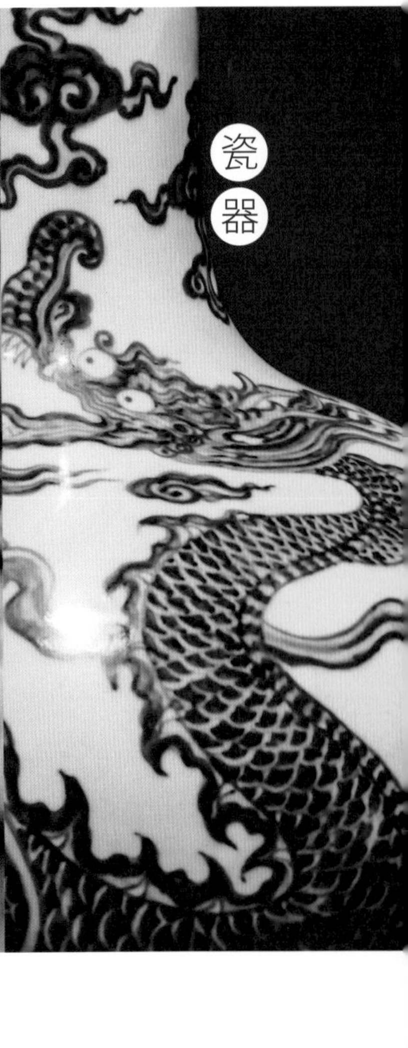

印刷

刺绣

酿造

清晨，像400多年前一样，阳光从酒坊东南角的透气窗斜斜地照进晾堂。酒分子已然开始蒸腾，有这么一群人的身影已经在酒蒸汽中若隐若现，伴随他们的还有手中不停拌料的铁锹、穿梭于窖池的鸡公车、从额头处流下的汗水，他们的一天，就在几十年如一日的散着酒香的屋顶下开始了……他们有个听上去很高级的名字——国窖酿酒师。

对于入行不久的酿酒新人来说，帅气的名字固然重要，但如何说服车间里的老师傅，让自己亲手操作一把“回马上甑”是更为要紧的大事，他们还期待着未来终有一天，能成为“大瓦片儿”，有资格站在正对国宝窖池的“牛尾巴”旁，“手捻酒液”“看花摘酒”……就像400多年前的祖师爷那样！

所谓“回马上甑”，是将酒糟均匀地撒到石甑里准备蒸馏的步骤。

老师傅是车间里的“酿酒冠军”，上甑时双手循环、停顿恰当、惯性铺撒，一番简单、流畅的操作，让人看得赏心悦目。

“师傅，您这一手硬是霸道，怕是有几十年的功夫哈！”每当看到新人佩服、羡慕的目光，正挥撒续糟的老师傅口上不说，但心里总是乐滋滋的，不经意间带着几分属于老窖酿酒人的自豪。

作为从新人一步步走过来的老匠人，老师傅很是喜欢年轻人身上的那股朝气。在老人心里，这些年轻人就像自己亲手酿出来的新酒，阳刚鲜活，正渴望着被甄选到江对岸的“纯阳洞”中修炼“真藏”，有他们，几百年老窖的未来就生生不息。

摊晾工序主要做拌粮、拌糠、蒸粮、摊晾、加曲、入窖的工作，每一位酿酒新人都是从这一基础的酿酒工作开始一生的烤酒生涯。

“自己是什么时候参加工作的？”老师傅取下搭在肩上的毛巾，擦了擦汗。

当年，自己顶父亲的班进来的时候，根本不理

◎泸州老窖酒传统酿制技艺——回马上甑

解老辈人一说是到泸州老窖（大曲厂）上班，眼睛都要放光。只是没想到这一干就是38年，还干出了感情。

其实人类传承的记忆，往往是从最基本的生存需求开始的。那就是“适者生存”的道理，如何巧用天时地利人和，如何巧用身边的一切资源，成为人迈入社会、为生计奔波的第一步。但当一时生存之“技”，成为一生执着之“技”，对酿造春秋的老窖人来讲，对于这个以酒为名的城市来讲，24代人的一生，就是对生命、对传承最好的礼赞。

◎泸州老窖酒传统酿制技艺——摊晾

“老师傅，让我也试试呗。”

“你娃儿啥都不会，还跑来上甑，先把你手上的拌料整巴适咯再说。”对于新人稚嫩的讨好，老师傅笑骂道，想当初，自己不也是这么过来的么。

白酒行业有一句话：生香靠发酵，提香靠蒸馏，上甑技术不过关，丰产不丰收。在传统手工酿酒技巧中，最难的应该是“回马上甑”了。看老酿酒师上甑举重若轻，把酒糟轻撒匀铺，感觉很轻松，但这些看起来简单的工作并不简单，其中既包含了很多技巧，也包含了许多酿酒的技术原理。上甑关系到出酒率、优质率、香味的提取，可是一点都马虎不得。

看着新人蹩脚的上甑动作，好笑之余，老师傅忍不住打断道:“停停停，你真是‘一顿操作猛如虎，一看酒糟到处扑’。你看你那个甑子周围，好乱！全是酒糟，你是在铺马路？你这连‘四面红旗’都做不到，就你这手艺，每次出酒怕是不知道要少好多斤哈！”

老师傅上前，拿过新人手中的端撮，一道利落的弧线，从容中带着豪气，便使酒糟均匀轻落在甑桶里，就像面对自己的画卷，自在写意，如行云流水。

蹲腿、转身，让力道从腿部传至腰间，至腕间传出，这说的便是“轻撒匀铺、回马上甑”的学问。日复一日，重复再重复，这项一代代酿酒人口传心授的传统酿制技艺，历经大半生枯燥单调的磨砺，在这位老匠人手中，充斥着艺术的美感。

不忘初心，方得始终。于工匠而言，每一次的精益求精，每一处的尽善尽美，都饱含着那一份对初心的探求与坚守。无论你以何种因缘成为一名泸州老窖人，始终不曾抛弃的是对工作的用心，对生活的热忱。

“上甑时要尽量让糟醅与空气多接触，接触越多，酒精、香味物质挥发越大，每一次出手都要轻、匀。”闲暇之余，老师傅从怀中掏出一叠笔记，给新人们讲解自己30多年来记录、总结的酿酒心得。

◎泸州老窖酒传统酿制技艺——看花摘酒

每一位老窖人，都肩负着传承的使命感与责任感。对酿酒的执着，对后辈的提携，690余年不间断的传承，潜移默化地感染着一代代老窖人的立言立行。那些工匠们在无数次实践总结中形成的规律、法度，传授的不仅仅是一份酿酒技法，更是一份“知来去”的匠心坚守。

作为一种传统技艺，“回马上甑”是一代又一代泸州老窖人智慧的结晶，历经了岁月的检验，但需要改变的是找到最适合当下的方式，在保留传统的基础上去追求完美，做到极致。

将简单做到极致，酿造纯粹；将平凡做到极致，成就非凡。正是24代泸州老窖“酿酒人”，不厌其烦地“重复再重复”，为世人酝酿着400多年的极致品味。

“出酒咯！”车间弥漫熟悉的酒香，牵惹出深深的眷念。

老师傅摘取一段自己亲酿的酒:“嗯，这个味道对头！你不晓得，我爷爷就好这一口。那阵子，我老汉儿还在这上班，他老人家就会借口来看儿子，到车间头来守到出酒，嘬两口……”

有些记忆是个人的，有些记忆是家族的，跨越时空的浓香，则蕴藏酒城独有的城市记忆。

如同每个人记忆里都有一条泛黄的老街，深藏一段温情岁月，在老师傅的儿时记忆里，也有着这么一条泛着酒香的老街，紧挨着国窖广场。

对于老泸州人而言，明万历年的国宝窖池固然值得骄傲，那是名声在外的面子，但国窖车间门口那偶尔的往日记忆，却是酒城人过往岁月中不期而遇的共同的浓香珍藏。

在过去，运酒队伍不慎摔破陶坛的声音，往往能带给街坊邻里媲美过年放爆竹的喜悦。如同吹响嘹亮的冲锋号，附近的街坊邻里争先恐后地跑来，用干毛巾蘸取打翻在地的酒液，拧到盆里，过滤澄清后，便能喝到难得的美酒。

一段酒香，连接城市的过去与现在。不禁寻问泸州人，几辈人喝着同样的浓香美酒，到底是怎样的幸福体验？

走出泸州，我们在特曲老方瓶中、在国窖1573中，品味与泸州城共同的民族记忆。那记忆里，有多少人正奋力谱写文明传承的中国梦，又有多少优秀的中国传统技艺正濒临消亡？编制灵动竹韵的“竹丝扣瓷”，吟唱阿昌族创世神话的史诗《遮帕麻和遮咪麻》，再现中国传统弓箭文化的聚元号弓箭制作技艺……

相比之下，泸州老窖是幸运的，因为有着那么一群可爱的人，世世代代做着同一件事。他们平凡、朴实、热情，心里揣着过上好日子的奔头，踏踏实实地做着手中的工作。或许，他们从未想过，每天习以为常的生计，却为世人呵护着浓香正宗千年一脉。

当我们随着酒香，踱进一城时光，当我们寻香源远文明，我们不能忘记为传承和保护每一项传统技艺和文化遗产而默默奉献的匠人。是他们，为民族存技，不让技艺遗失成记忆！

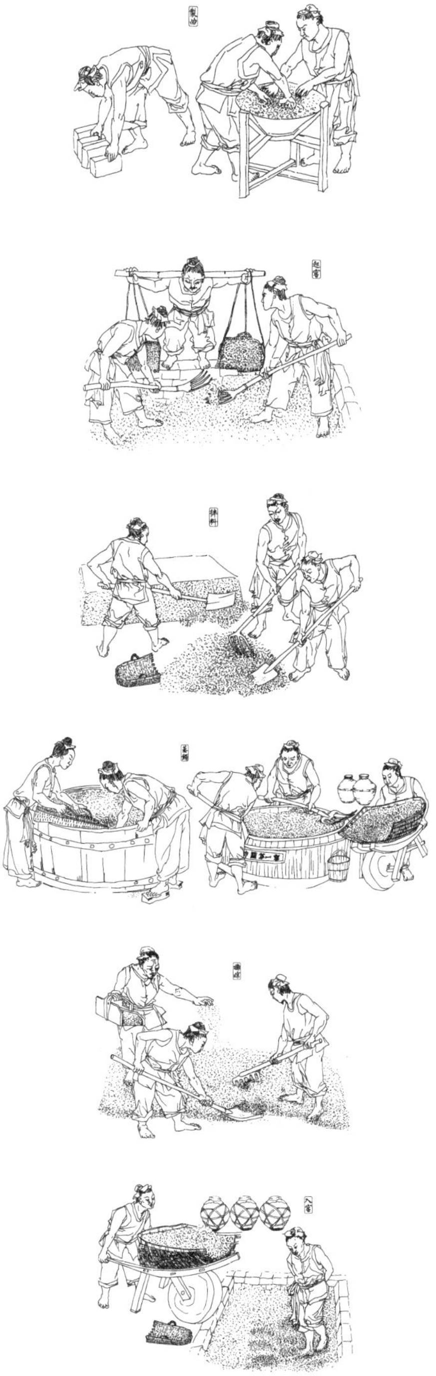

泸州老窖酒传统酿制技艺

泸州老窖酒传统酿制技艺自秦汉开始孕育，在元、明、清三代正式定形并走向成熟，在我国酒类行业中享有“活文物”之称。历经24代人，690余年的传承，而今更是跻身首批“国家级非物质文化遗产名录”和联合国“人类口头与非物质文化遗产预备名单”。

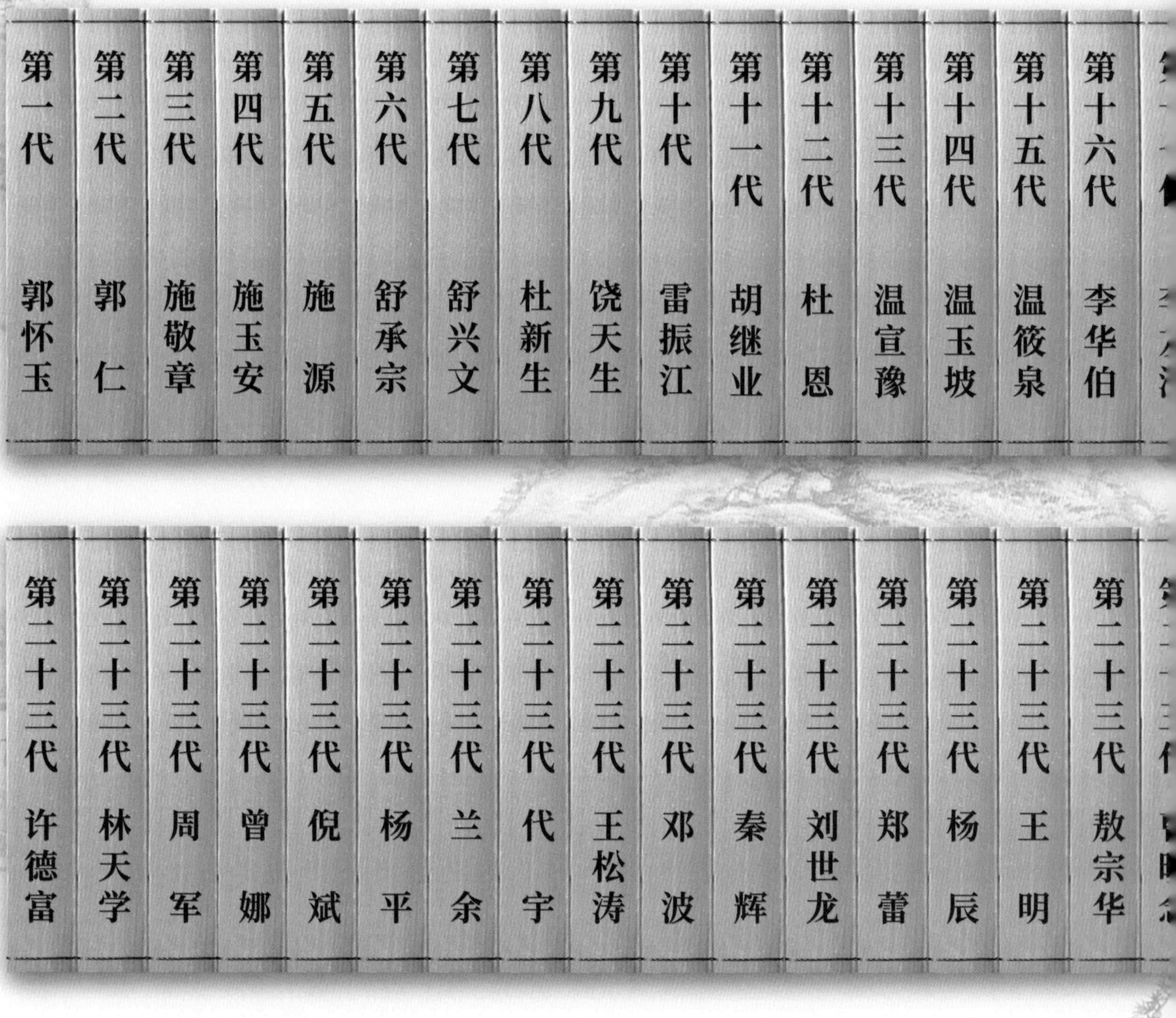

第一代	第二代	第三代	第四代	第五代	第六代	第七代	第八代	第九代	第十代	第十一代	第十二代	第十三代	第十四代	第十五代	第十六代
郭怀玉	郭仁	施敬章	施玉安	施源	舒承宗	舒兴文	杜新生	饶天生	雷振江	胡继业	杜恩	温宣豫	温玉坡	温筱泉	李华伯

第二十三代	第二十三代	第二十三代	第二十三代	第二十三代	第二十三代	第二十三代	第二十三代	第二十三代	第二十三代	第二十三代	第二十三代	第二十三代	第二十三代	第二十三代	第二十三代
许德富	林天学	周军	曾娜	倪斌	杨平	兰余	代宇	王松涛	邓波	秦辉	刘世龙	郑蕾	杨辰	王明	敖宗华

◎泸州老窖酒传统酿制技艺传承谱系

泸州老窖酒传统酿制技艺，开中国浓香型白酒之先河，是白酒酿造史上的不朽丰碑。它历经690余年、24代酿酒人的师徒相承、口传心悟，至今仍生生不息。在跨越七个世纪的薪火传承中，又以三大酿酒宗师最为著名——因发明“甘醇曲”而闻名于世的“中国大曲酒始祖”“泸州老窖酒传统酿制技艺”第一代传承人郭怀玉，开创“泥窖生香、续糟配料”工艺的“中国浓香型白酒始祖”“泸州老窖酒传统酿制技艺”第六代传承人舒承宗，把中式白酒带到世博会的第一人、“泸州老窖酒传统酿制技艺”第十五代传承人温筱泉。他们深深影响了中国传统白酒发展的进程，在整个白酒行业中都具有举足轻重的地位，被人们亲切地誉为“酒城三圣”。

第十七代 赵子成
第十七代 张福成
第十八代 陈奇遇
第十九代 赖高淮
第十九代 李恒昌
第十九代 梁学湘
第二十代 任玉茂
第二十一代 吴晓萍
第二十一代 杨绍弟
第二十二代 袁秀平
第二十二代 张良
第二十二代 刘淼
第二十二代 林锋
第二十二代 沈才洪
第二十二代 张宿义
第二十二代 何诚

第二十三代 郑伟
第二十三代 董异
第二十三代 罗明
第二十四代 张炼
第二十四代 姚瑶
第二十四代 邵燕
第二十四代 杨艳
第二十四代 蔡亮
第二十四代 郭佳
第二十四代 涂飞勇
第二十四代 代小雪
第二十四代 穆敏敏
第二十四代 张彪
第二十四代 李宾
第二十四代 姜楠

韵

中　式　美　学　复　兴

美好的声音均匀、和谐地组合、调配在一起，便形成了“韵”；

人们因感官的经验而生发令人愉悦的审美体验，就是“韵味”；

当“韵味”入木三分，融入内在的格调、精神，臻于极致，便有了“神韵”。

韵，是中国“天人合一”观念下最核心的审美内涵，而中国人对美的最高评价，

就是流动着自然生机的“气韵生动”。

风过留声，如流水，如羽箭，如呼吸……

南郭子綦斜靠矮桌，闭目仰天，于风声中，悠然忘我。

侍立一侧的颜子游，对老师静若槁枯的状态充满疑惑，难道形体可化枯木，心灵也可成死灰吗？

师徒间关于人籁、地籁、天籁的千古问答，为后人留下了“大地箫声”的流风遗韵。

人的箫声是吹奏管乐器的声音，大地的箫声则是“风声”。自然存在的声音，本身没有喜怒哀乐，

而正是人“感物生情”，赋予了声音喜怒哀乐，从而让声音有了生命的精神与情韵。

从《庄子·齐物论》中可以看到，韵由心生。

可以说，感于物而发于心，是中国人习以为常、自然而然的审美情趣。

天人合一，自然真韵

每一种独立文明，都有它对应的审美经验。

中国人几千年来没有发生大规模迁移，在文化的传承性和独立性上，相对于其他国家的文化具有独特的原生性。所以，中式美学体现着华夏文明独树一帜的历史积淀和生活智慧。

中国原生的哲学观念认为，天地万物一体相生，一气运化，人与天地、自然都在这“一气”中生存、流动、变化、明灭……正是在这种自然精神引领之下，人们对事物进行归纳和总结，形成了审美经验。通过理想化的、提纯的过程，让人感受到纯粹的、美好的境界，由此产生了中国最核心的审美内涵——“韵”。

酿酒，将天地的规律运用于人事；品酒，则将人心的审美感触返归于天地。韵，便在人与天地的精神往来间，如涟漪般漾开。

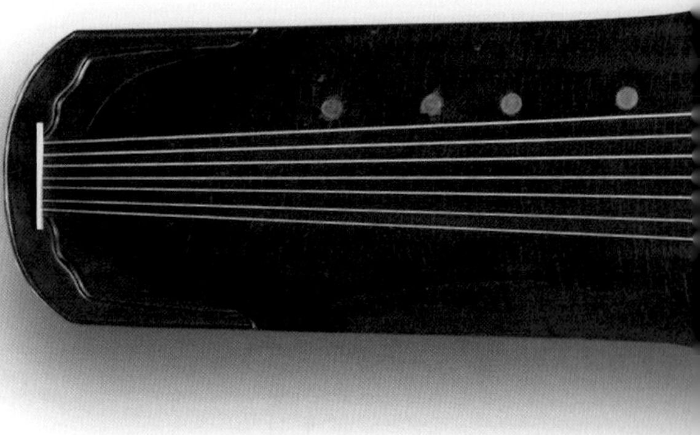

这是一个气韵生动的世界：

有韵则生，无韵则死；

有韵则雅，无韵则俗；

有韵则响，无韵则沉；

有韵则远，无韵则局。

一袅琴音
一局残棋
一撇墨迹
一卷山水
一园春色
一尊顽石
一眸明目
一瓴高屋
一江风月
一杯烟火
……

和西方美学的范畴不同，于时间之外、空间之外、色相之外，中国人领悟到生命的大美形态。

韵者，极也。当事物发展到极致的时候便一定会产生美好的韵味，而透过创造、欣赏、品味、思考这一韵味的过程，便能触及自然的根本。白酒的酿造，正体现了从自然之中感物而发到怡神悟道的一个提纯和升华的过程：

通过收粮、发酵、蒸馏、洞藏，将大自然美好的馈赠提炼出来，然后以一种纯粹的“白”呈现给世人。

气韵生动，品鉴由心

说到白酒的“白”，就不得不提到中国艺术中重要的美学意韵：留白。

比如，注重留白艺术的中国绘画，不会像西方风景画那样精准地表达透视、光线、方位等概念，而是跨越时间与空间，以散点透视的叙述方式，以大面积空白的经营布局，通过“有”和“无”的对比，去营造一种以有画无、以无画有的无限的想象空间。

留白之“韵”是一种主观与客观、人与自然、阴与阳交替的审美历程，感物而生，由心而动，是从外在因素自然而然到内心触动的过程，充满着辩证、和谐的哲学。

而白酒正是以通透、纯粹的酒体，让人在饮用中感受到五彩斑斓的意象。白酒看似白实则非白，目前用科学仪器从白酒中检测出的香味物质有1000多种，让大家进一步认识到浓香国酒的纯粹之韵。

所以白酒之韵，也是一门留白的艺术，在大道至简中，诸香和谐、包罗万象。

借刘承华先生之言，“世人所难得者为‘韵’，韵如山上之色，水中之味，花中之光…… 品味白酒之韵，如同一个自然而然的、关于美的感官之旅。”

一款优质白酒是自然的巧合，更是人类独具慧眼的发现，而我们只是这一自然馈赠的发现者，在最好的时光遇见最好的它，当然也遇见了爱酒的你们。欣赏一杯好的白酒，就是去感受大自然的美好馈赠，到达天人合一完美灵性的最佳途径。

陈香

白酒经过洞藏存储后产生的香味，是白酒香味物质的一种升华。

曲香

的香气，以及原粮在高温下产生的香气。

粮香

白酒的原料香味，如泸州老窖川南有机糯红高粱的香味。

糟香

酿造过程中，糟醅产生的一种复合香气。

窖香

窖池不间断使用产生的一种复合香气，其中1573国宝窖池群产生的窖香尤为浓郁。

作为中国特有的蒸馏酒，中国白酒因其悠久的文化沉淀，复杂多样的酿造工艺，山川异域的地理条件，形成了丰富而独特的白酒香型，诸如浓香型、酱香型、清香型、米香型等不同香型白酒，其酒体的风格风韵存在明显的差异性和个性特征。因此，品鉴白酒，便是品味地域风情，品味中国之韵。

执杯浓香，悠然天地。白酒的品鉴，是一门关于自然的审美艺术，是追求极致的醉“韵”之道。

◎中国白酒四大香型赏析

浓香型

别　　称：泸香型

代表酒品：四川泸州老窖酒

香型赏析：浓香型白酒采用泥窖固态发酵，其酒体无色透明，窖香浓郁，绵甜醇厚，香味谐调，尾味净爽。浓香型白酒浓郁的窖香，给人一种绵甜爽净的感觉。

清香型

别　　称：汾香型

代表酒品：山西汾酒

香型赏析：清香型白酒根据糖化发酵剂的不同，又分为大曲清香、小曲清香以及麸曲清香。清香型白酒采用地缸发酵，讲究“一清到底”，酒体无色透明，清香纯正，诸味谐调，醇甜柔和，余味爽净。

酱香型

别　　称：茅香型

代表酒品：贵州茅台酒

香型赏析：因其香气复合有类似酱油的发酵香气，所以叫“酱香”。酱香型白酒无色透明，酱香突出，优雅细腻，酒体醇厚，回味悠长，空杯留香，其酒体带有典型的焦糊香。

米香型

别　　称：蜜香型

代表酒品：广西桂林三花酒

香型赏析：桂林三花酒，之所以叫其“三花酒”，是因为它入坛堆花，入瓶堆花，入杯堆花。米香型白酒，酒体无色透明，蜜香清雅，入口柔绵，落口爽净，回味怡畅，有着类似玫瑰花的香气。

頌

“一带一路”重启传世浓香

颂者，承过往，传天下，语万物也，记录与传播在颂鸣间熠熠生辉。

从历史走来的颂歌

当我们眺望泰山时，会想到什么？有人望见雄伟，有人看到天命，有人却听到来自远古的颂歌。两千多年前，泰山的顶峰，百官俯首，诸侯低眉，周天子三望河海，以美酒敬天地、献农神，巫灵执翠羽，昂首而歌：

丰年多黍多稌（tú），
亦有高廪，
万亿及秭（zǐ）。
为酒为醴，
烝（zhēng）畀（bì）祖妣（bǐ）。
以洽百礼，
降福孔皆。

丰收满仓，酤酿佳酒，以颂天地自然之造化，以颂先祖神明之美德，以颂圣贤英雄之伟业，愿天下太平，求降福四方……

《诗经·周颂·丰年》作为西周祭祀农神的颂词，说尽了周人丰收的喜悦：新收稻粮，酿成美酒，感恩上天眷顾，先祖庇护，以祭典传颂，祈来年福禄吉祥。

在中国最早的诗歌总集中，几乎所有与上天、与先祖沟通的祭祀诗都在颂里面。古人讲：衔感之至，形于颂歌。《左传》有载，国之大事，在祀与戎。宗庙之祀，本质上就是“颂”。所谓颂者，黄钟大吕，宗庙之乐也，美盛德广之形容。

所以，中国人常常以“颂”为郑重的沟通手段，去表达自己的心意：赞颂天地之道、自然造化之玄妙；颂扬先祖恩泽万代，美德之广大；歌颂圣贤英雄造福苍生的丰功伟绩……

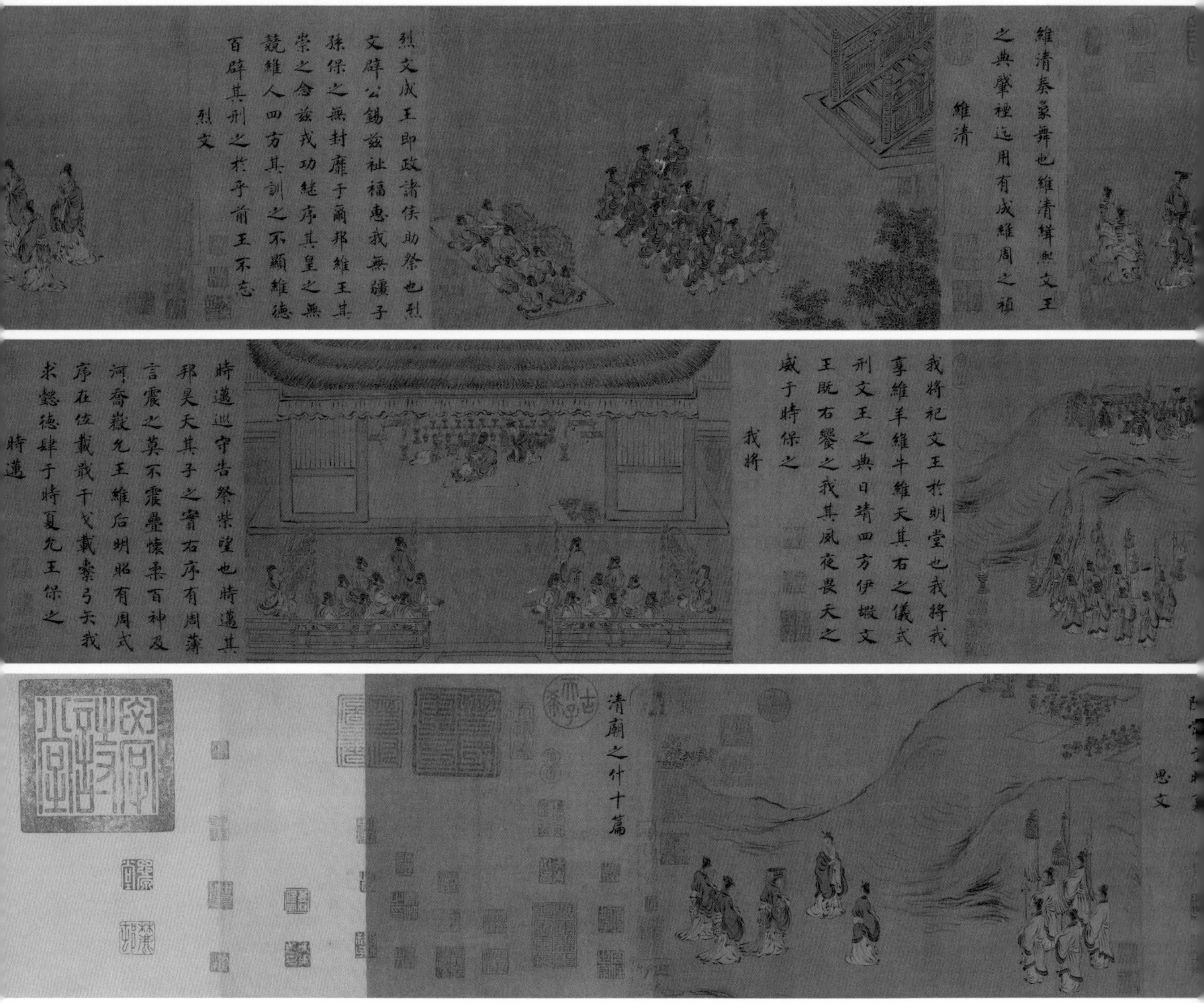

颂，是文化传承的基因

文化传承，是一个民族的血脉。作为一种光宏正大的文化基因，“颂”在中国源远流长。它真心虔诚，发自肺腑，如史诗般传颂着不同历史背景下的恢弘气象，坚守着中华民族最主流的价值观与美德，让世代中国人都获得流淌于血脉的文化基因。

尽管在不同的历史时期，“颂”有着不同的阐释，但“颂”的精神却一脉相承，延续至今，一路向前。

商有《商颂》，周有《周颂》，春秋有《鲁颂》；屈原的《楚辞·九歌》，其实就是战国时期的《楚颂》……

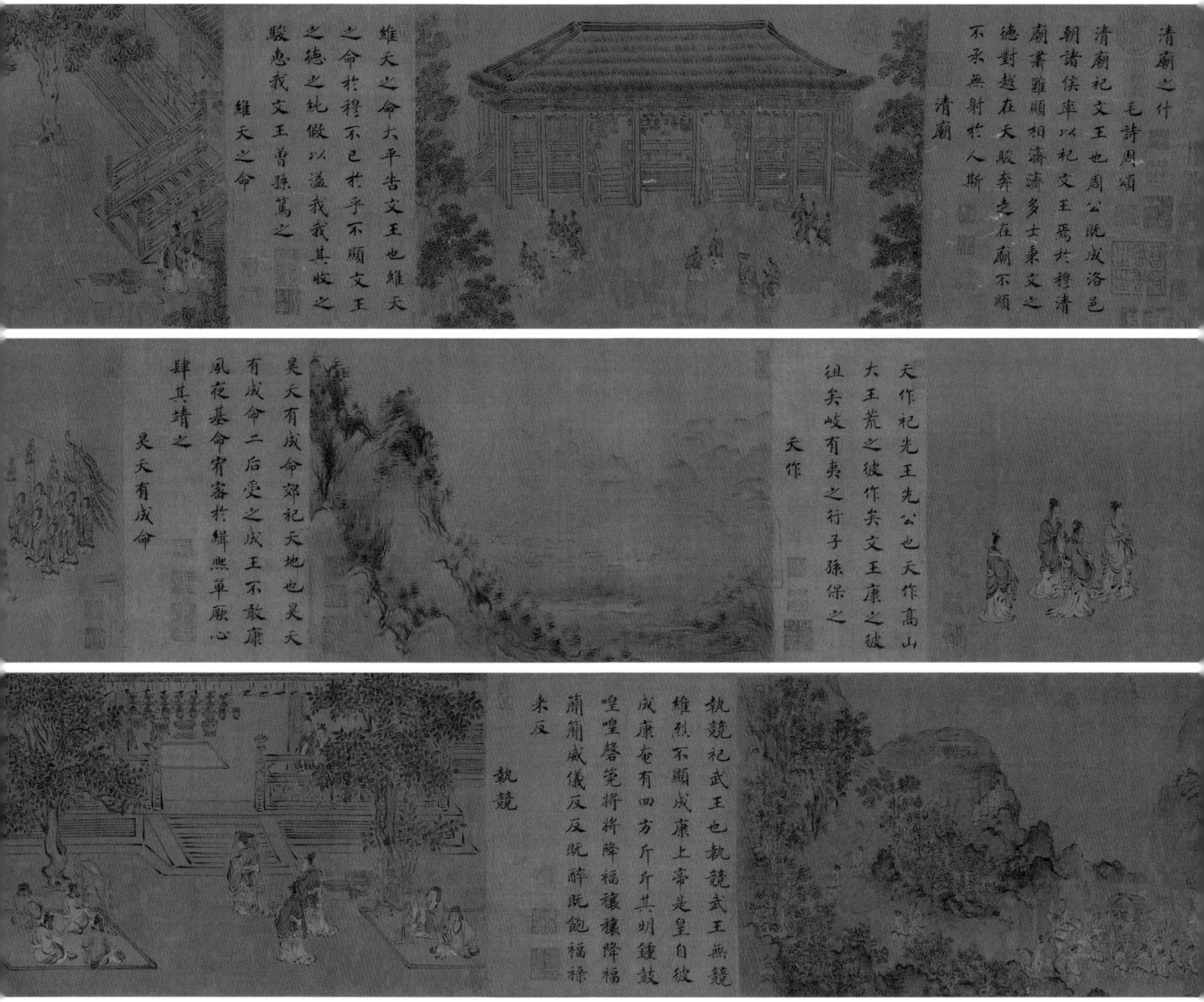

◎南宋 马和之《周颂清庙之什图》

因为虔诚的“颂”，我们才能在宗法传承中保持着高度的家国文化认同；我们才能告诉世人，智慧的真谛和道德的法则；我们才能与万物百灵沟通互动，直通天人之际。

与祝颂割离不开的酒亦是如此。作为比“颂文化”更古老的传统文化载体，中国酒，是颂文化必不可少的沟通载体，几千年来一直见证并参与着中国人每一次向皇天后土的虔心颂祷，陪伴着中国人走过每一次历史低谷后的峰回路转，又共同迎来浓香馥郁的盛世颂歌。

颂，是文化传播的纽带

山海同一卷，丝路共酒香。

如何坚守传统？如何与世界融和？又如何面对各国文化的激烈竞争，让我们的文化基因传承下来并传播出去？

在历史长河中，秦、汉、唐、宋、元、明曾是人类文明的坐标，在每一个领跑世界的时代，都曾建立起文化传播的纽带，以极具张力的沟通方式，跨越国界、超越时空，向世界颂扬着东方精神和文化智慧，用最先进的文化滋养过世界。

丝绸之路，大唐风华……每一个盛世的气度都不只是属于中国。

它们都不约而同地昂扬向上、光华夺目，成为人类文明的极乐盛宴。

我们都说，国力强大，是文化走出去的基础。

所以“颂”一定是属于盛世的咏叹调！

纵观世界历史，不论是古代的四大文明，还是近现代欧美的流行文化，之所以广泛传播，都与国力的强盛息息相关。国家强盛了，它的文化自然会成为潮流。比如“可口可乐”，若它诞生在第三世界国家，人们多半只会以猎奇的心态去尝试这种古怪的味道，而不会引发流行文化感官上的联想。

时至今日，随着中国综合国力的上升，我们欣喜地看到，世界正在重新发现中国！

就拿中国白酒来讲，以前外国人都称呼中国白酒为“Chinese Liquor”，这些只是延续他们当地的利口酒和烈性酒的叫法，并没有对白酒的独特认知。但随着中国白酒逐渐走出国门，外国人开始直接称呼中国白酒为“Baijiu”了，这其实是白酒对他们的饮食文化造成影响后，在语言上表现出的文化显形。

何以值得真正传颂？
无畏先行，拓荒文化交流。

当年张骞冒险开拓，“凿空”西域，他可能没有意识到，世界从此拉开东西纵贯千年血脉互通的序幕。

丝绸之路随着时间不断延伸拓展，北有北丝，南有南丝。丝路精神更成为文化传播与交流的缩影。

泸州，正是南方丝绸之路的“结穴之地”，泸州的美酒在古时便经夜郎道、蜀身毒（yuān dú）道、茶马古道，远销海外，世界同饮。

而今，国家践行“一带一路”倡议，贵在传承丝路的经济、文化之自由往来，贵在传承大国的胸襟气魄与责任担当。

千年丝绸路，酒香伴驼铃。泸州老窖勇敢地担当起时代使命，亦沿着丝路，一路向世界举杯：向北，泸州老窖成为“俄罗斯世界杯”官方款待用酒；往南，泸州老窖成为“澳大利亚网球公开赛”全球唯一白酒合作伙伴；走向世界，泸州老窖与世界企业高尔夫挑战赛跨界合作，生动诠释了“小圈层，大世界”的现代

◎悠悠酒香 以颂时代

盛世酒香，让世界品味中国

国窖1573“让世界品味中国”全球文化之旅，借助全球通用的语言和形式，诠释和传播中国酒文化，展示中国优秀传统文化的魅力。

- 2017年4月，泸州老窖·国窖1573携手世界级音乐大师谭盾，在纽约开启“国窖1573‘让世界品味中国’全球文化之旅”。
- 2017年9月，俄罗斯普希金国家艺术博馆，国窖1573携手《蔡国强：十月》展览，用绘画艺术让世界品味中国。
- 中国品味，香飘第七届中欧论坛，聚焦“一带一路，中欧合作”。以泸州老窖为代表的中国民族企业，以酒为媒，构建中欧互惠桥梁，拉近中国与世界的距离。
- 2017年6月，“国窖1573‘让世界品味中国’全球文化之旅·中法之夜”活动在法国巴黎半岛酒店举行。
- 2017年7月1日—3日，逢香港回归祖国20周年之际，“国窖1573‘让世界品味中国’全球文化之旅暨同庆香港回归20周年”系列文化活动在香港举行。
- 2017年9月，“泸州老窖·国窖1573‘让世界品味中国’一带一路东非行”在肯尼亚首都内罗毕银座酒店举行。

ЦАЙ ГОЦЯН
ОКТЯБРЬ
13/09 — 12/11
国窖1573

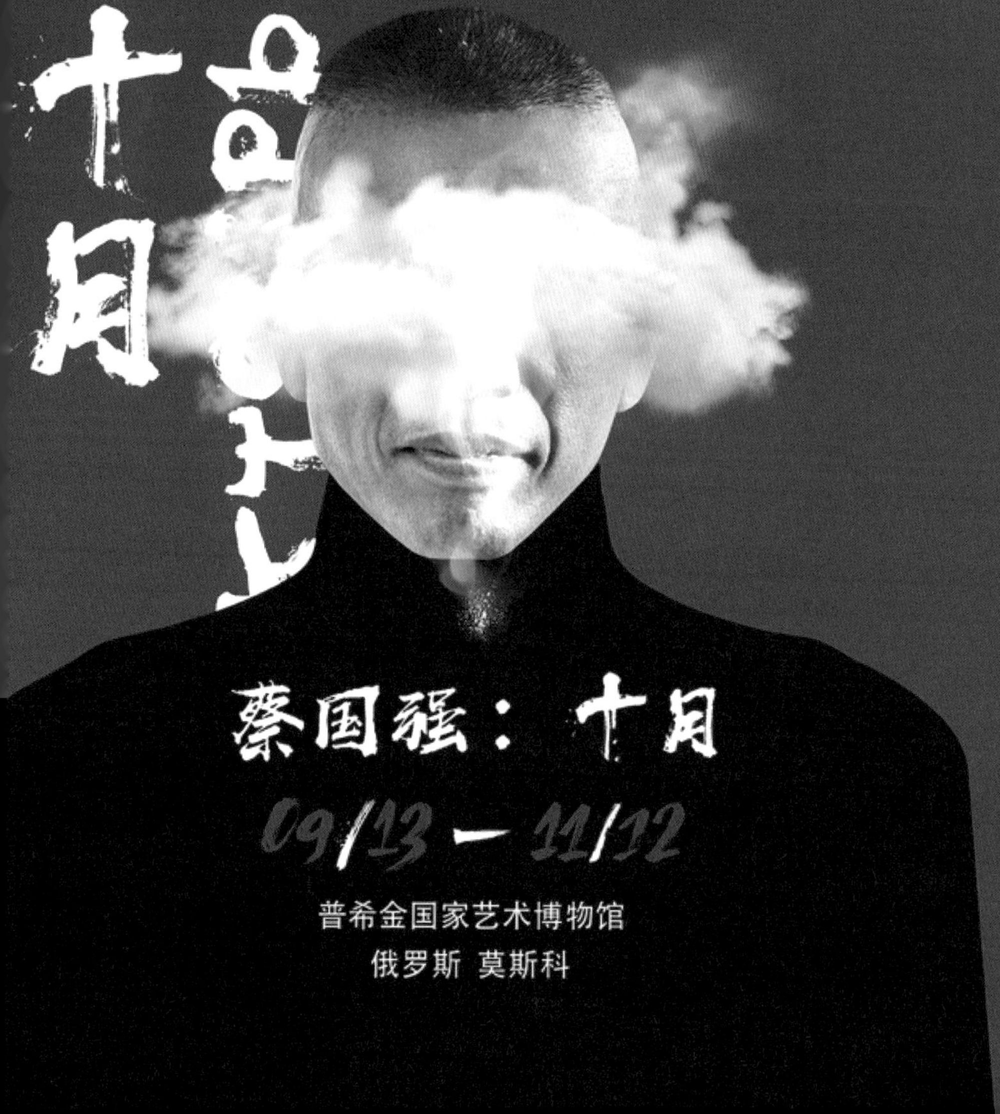
十月
蔡国强：十月
09/13 — 11/12
普希金国家艺术博物馆
俄罗斯 莫斯科

何以值得真正传颂？
不负担当，搭建文化桥梁。

自古诗酒本一家，诗是酒的言语，酒是诗的载体，酒助诗兴，酒以诗名，酒和诗是中国传统文化最本质的两大元素。

泸州老窖自2017年起，便主动承办了将诗酒融合贯通的“国际诗酒文化大会”，吸引了来自50多个国家和地区的数十万名诗歌爱好者参与其中。

它鼓励来自世界各地的诗人用醇香的美酒激发创作灵感，谱写华美的诗篇，诉说生活与人生的价值。那是一个把中国酒文化融合到诗歌，用全世界听得到的声音、听得懂的语言，讲述中国故事的文化盛会。

在此，泸州老窖为中国诗酒文化在世界范围的传播、在人类文明发展中的创新，贡献了自己的光与热。

何以值得真正传颂？
重塑自信，打开文化窗口。

泸州老窖用自己的实际行动推动了中国文化走向世界，并竭尽所能地将它带到了世界的中央舞台。

泸州老窖的赞助促进了中国大型民族舞剧《孔子》走向世界，全球巡演。舞剧《孔子》刻画了孔子周游列国的明知不可为而为之的果勇，演绎了孔子一生跌宕起伏的探索磨砺。

它让中国仁礼文化再次闪耀在世界舞台之上，让世界又一次深入认识中国，为中国制作了一张精美的文化名片。

舞剧《孔子》的巡演展现了泸州老窖作为一个企业的主动担当，也展现了中国的文化自信。

◎文化赋能

曾记否，泸州高粱红了

“泸州高粱红了”文化采风活动，大量文人墨客受邀走进高粱地，用文字、画笔、摄影等抒发对自然、农人的赞美，感受从一粒种子到一滴浓香的酒文化，以文会友，以酒会友，促进跨行业、跨区域乃至跨国家的文化交流。

诗酒年华

欢饮时代火花

国际诗酒文化大会，“让诗歌在美酒涌动的韵律中、在古典和现代间焕发新时代的火花”，为诗歌在世界范围的传播、为人类文明在新时代的记录贡献力量。

国际诗酒文化大会
启幕仪式
第二届
国际诗酒文化大会启幕
二届国际诗酒文化大会

国际诗酒文化大会
草堂国际诗会
国际诗酒文化大会
首届草堂国际诗会启幕
草堂国际

孔子

大型民族舞剧

《孔子》巡舞，君子有酒

以国窖1573为媒，《孔子》领携，开启全球巡演之旅，

以舞剧的形式讲述中国故事，以舌尖的语言分享中国品味，

让中国优秀传统文化闪耀世界文化之林。

李白

民族舞剧

《李白》长歌，我醉君复乐

以国窖1573为媒，《李白》领携，演绎中国文化的万千魅力——
“把中国的酒文化与文学艺术、传统民俗进行有机结合、总结提炼”，
用全世界都能听懂的“语言”去讲述中国故事。

在时间的涟漪中吟颂

只有行传承、担责任、语天下者才值得吟颂，只有最真实的吟颂才会被人铭记。

当我们勇做文化传承的基石，上承古法，酿盛世浓香；

当我们甘为丝路马前卒，跨越藩篱，无问东西，融合世界万千气象；

当我们以浓烈的赤诚，让每一个中国人回想起那首曾经令我们酣畅无比、热血沸腾的颂歌时，它是否值得被吟颂，相信事实和历史会给我们答案。

当我们端起美酒，时间绽开层层涟漪，那亘古不变而又日新月异的“颂”声便又轰然地传来了。

國窖1573
7星盛宴
梁子庚

勾调岁月
BLEND THE YEARS, BORN

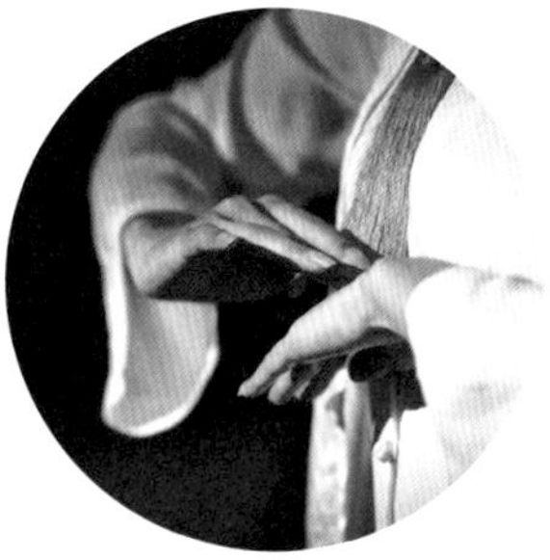

风雅酒食，七星闪耀

国窖1573·七星盛宴，通过现代品饮的新派时尚、
酒食结合的烹饪美学、华丽动态的视听享受，
与各地特色文化相融，重新赋予白酒品饮的仪式和风雅，
以感官与精神多重享受的创意品鉴盛宴，
在全世界范围内推动传统和现代的交流融合。

冰火之
國窖1573
冰·JOYS

白酒12°C冰饮，狂想冰JOYS

国窖1573·冰JOYS，探索白酒12°C冰饮风尚，
以年轻化、时尚化、国际化的互动体验内容和形式，
让中国白酒跳出传统消费场景，在白酒“潮玩”中，
演绎、传递中国白酒的丰富内涵和独特魅力。

桃李天下，“酒香堂”引领中式品饮风尚

国窖1573·酒香堂中国白酒文化分享之旅，
以中国白酒文化互动体验讲堂的形式，引领白酒行业品鉴风尚，
并以国窖1573品饮体验，传达以白酒为代表的中式生活美学，
一同感受中国气质，分享中式乐趣。

瀘州老窖·國窖1573

◎体坛举杯

绿茵风采，举杯俄罗斯世界杯

2018俄罗斯世界杯，中国白酒首次携手世界杯，开启中国白酒讲述中国故事的新探索，是中国白酒国际化道路上的又一里程碑。

醉享澳网，以小杯转动大杯

白酒和网球是东西方特有的文化符号。

通过白酒与澳网的跨界融合，以泸州老窖为代表的中国品牌实现了以自信的姿态、创新的方式、全球化的形象，与一众国际顶尖品牌并立世界舞台。

國窖1573

AO
australian open
OFFICIAL PARTNER
瀘州老窖
LUZHOULAOJIAO

國窖1573
HAPPY CHINESE NEW YEAR

GUOJIAO
國窖
1573

绅士品饮，挥杆WCGC

古老技艺的匠心精神和现代体育的绅士优雅相遇，

二者将发生怎样的化学反应？

泸州老窖·国窖1573开启中国白酒跨界高尔夫的盛举，

生动诠释“小圈层，大世界”的现代风尚，

解锁让世界品味中国的新途径。

重庆站

品味这一杆的魅力
每一杆都自有魅力和艺术　每一杆都值得品味

昆明站

WCGC
2020
让世界品味中国
LET THE WORLD SAVOR CHINA

儀

君 子 风 度 与 大 国 气 度

外化于形，中得心源，两者合一，方成气度。

“清风朗月不用一钱买，玉山自倒非人推。”

从诗中走过，是何人，连斗酒百篇、诗仙风范的李白，也不禁为之吟颂？说的正是嵇康。

容止出众、气度风流的嵇叔夜，无疑是魏晋名士中最令人心仪的人物。

同为“竹林七贤”的山涛，曾这样赞道：“嵇叔夜之为人也，岩岩若孤松之独立；其醉也，

傀俄若玉山之将崩。”山涛说，嵇康兄，酒醒之时，如挺拔的孤松傲然独立；

而酒醉之后，又仿若高大的玉山将要倾倒。

真正的仪容之美，外化于形，内化于心，二者合一，自成风度。

如嵇康之姿，风神翩然，遗世独立。就是这种惊艳绝世的容貌，这种卓然不羁的风度。

这就是“仪”的所有内涵了。什么？你问我它现在还在吗？文化的基因注定是看不见、摸不着的，

但也许你饮上一口美酒就能再体会到那如痴如醉的“仪”了。

◎唐 孙位《高逸图》

相由心生的君子风范

仪者，容止也

中国人认为，相由心生。一个人的行为举止、仪表仪态，是他与生俱来的气质、人生的修为以及当前心理活动的真实写照。所以古人十分看重仪容甚至形成了中国文化中独有的审美理论：人物品藻。而像嵇康这样的仪容举止，便称得上古代圣贤口中的“君子”了。何谓君子？古人自有其评判标准。

早在先秦时代，孔子就提出了一系列考察和评论人物的原则方法，后人称为“君子九容”——足容重，手容恭，目容端，口容止，声容静，头容直，气容肃，立容德，色容庄。简单地说，步履沉稳从容，举止谦恭大方，目光端正磊落；言谈优雅平和，不妄言诳语；身体轻松，抬头挺胸；吐纳自然，气定神闲；站立如松，不倚不靠；面色端庄，不矜不傲。如此，“内正其心，外正其形”，正是君子修身养性的基本素养。君子有酒，酒如君子。

诸葛亮曾说，酒有“四德”——合礼，致情，适体，归性。历经千年的中国酒文化，赋予白酒醇厚的“君子操养”。而这浓香馥郁的内德，正在白酒品鉴师充满仪式感的品鉴行为中，绽放着神秘东方的酒之美。

◎宋 佚名《十八学士图》局部

足容重
手容恭
目容端
口容止
声容静
头容直
气容肃
立容德
色容庄

◎内外兼修的白酒行为美学

白酒之美，美在品鉴。

品鉴浓香白酒的每个过程，都是一种享受，都有别样的体悟。

但要说最懂酒的人，还是得数那些能轻易辨别酒的香型、品牌、度数的品鉴师了。

观

将酒倒入杯中，轻轻晃荡酒杯，我们能看到那酒纯洁如山间白雪，在杯中起伏。那白雪会沿着酒杯壁慢慢地向上涌动，达到一定的高度，再如松雪一样慢慢滑下。这是酒的观色之美。

闻

将酒慢慢移近鼻端，先凝神屏气，轻吸慢嗅，然后再深深吸气，吸入肺腑。这时，充分调动嗅觉去感悟每一个酒分子的经历，仿佛能让人进入酒中天地。这是酒的闻香之美。

触

从杯中蘸取酒液，滴至手背轻轻揉搓，用指尖感受酒液的细滑，触感如丝绸顺滑细腻。这是酒的触液之美。

品

将酒送到唇边，轻巧地、缓缓地呷一小口，在嘴里细细呡品，感受酒的浓香在口齿间翻滚。用舌尖将白酒均匀地分布在口腔里，在嘴里慢慢地品味。舌尖之甜，舌侧之酸，舌根之苦，咽部之辣，回味之甜，浓香绵醇，人生百味，尽在酒中。这是酒的品味之美。

听

轻举酒杯，与身边或熟悉或陌生的朋友，以杯相碰。声音越响，碰杯次数越多，越能代表热情和愉悦！在中国白酒的饮用习惯中，恣肆唇齿留香的极致享受！这是酒的听杯之美。

悟

在品咂的基础上迅速哈气，让酒气从鼻腔喷香而出，并举起空杯，同时感受白酒中的喷香和空杯里的留香。那纯正饱满的酒香，带来物理和精神的双重满足，让人如坠仙境。这是酒的悟心之美。

泸州老窖品鉴师不仅精通白酒知识，而且对酒的各种味型如数家珍。在白酒勾调和酒道表演等方面，她们有着自己的独创性与艺术性。泸州老窖独创的“神龙九式”，更是融酒道表演和白酒勾调于一体的绝技。通过“神龙九式”的勾调，让酒体风格、口感臻于至善，让人更能感受到白酒的独特魅力。泸州老窖品鉴师们施展的“神龙九式”，就是白酒行为美学的代表。

品鉴师们从容的表情、端庄的仪态、淡雅的发型和精致的形象，都蕴含了白酒与佳人的融合之美。从“神龙过江”到“巡龙回宫”，品鉴师舞动着优雅的身姿，也展现了白酒的凝香。勾调白酒独特的纯洁，也熏陶了品鉴师的气质。只见，一颦一笑间，酒通人和；举手投足中，香飘四溢，勾调成也。勾调之道与白酒之美在品鉴师“神龙九式”的行为创造中，活灵活现。唯有如此，才能缔结出白酒的最佳品饮姿态，碰撞出举世瞩目的国窖1573。

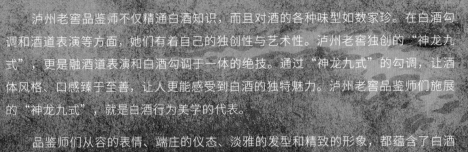

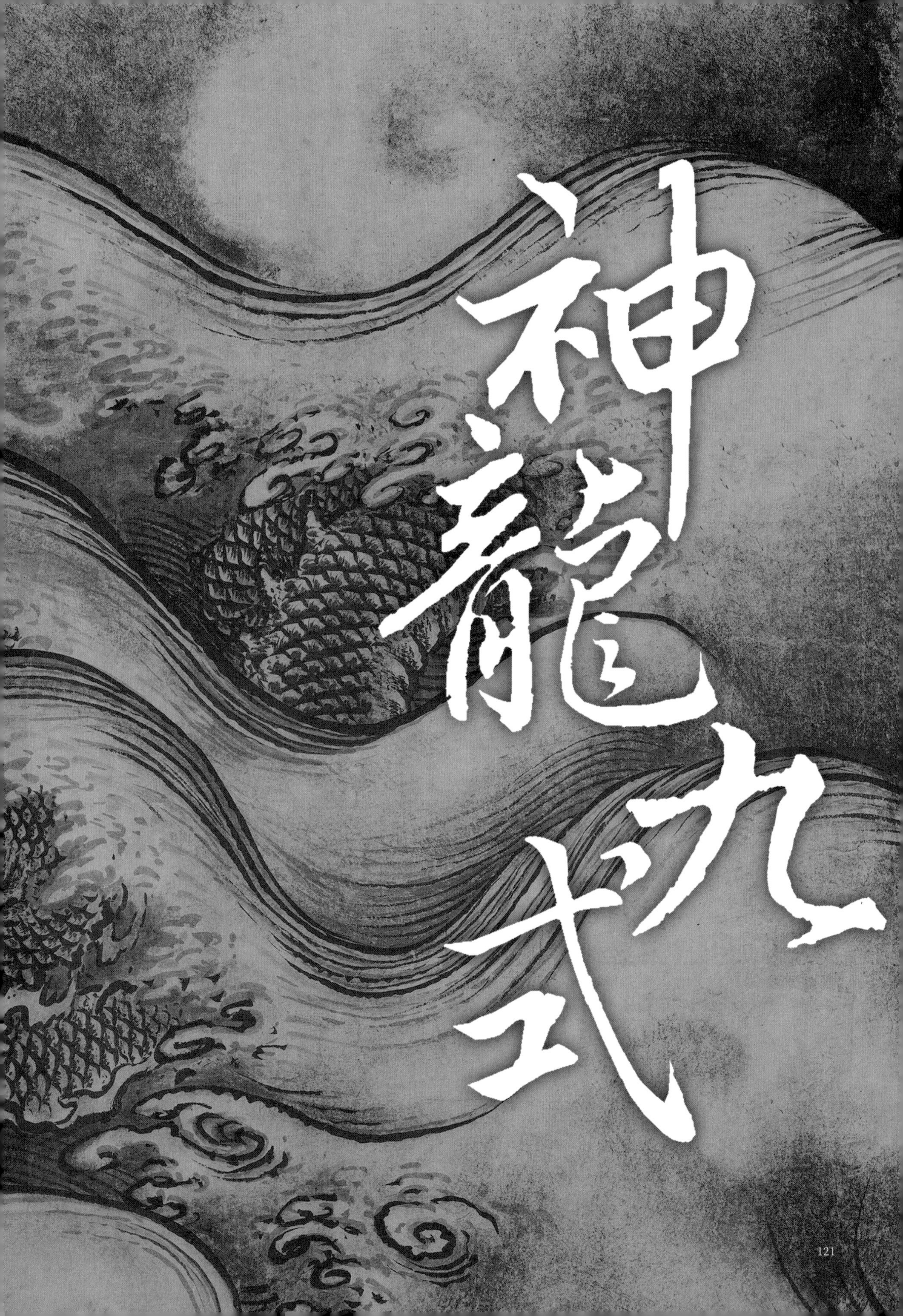

神龍九式

第一式 神龙过江

以酒洗杯，
避免异杂味道。

第二式 飞龙汲水

汲取调味酒，
为调整酒体风格做准备。

第三式 酒入龙潭

将基础酒倒入酒杯。

第四式 神龙听潮

以斗击杯，
静心听酒声。

◎神龙九式——泸州老窖·国窖1573传统勾调技艺

第五式 龙涎凝香

调味酒滴入瓶中，
匀，完成酒体调味。

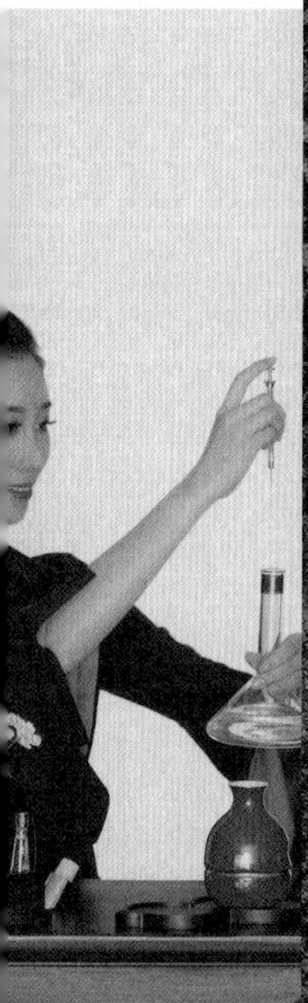

第六式 龙巡幽香

汲闻酒香，以手指捏揉酒液，
感受酒体是否柔滑。

第七式 战龙在野

品评勾调好的美酒。

第八式 画龙点睛

再次进行调味，
使酒体更加完美。

第九式 巡龙回宫

将勾调好的美酒用
陶坛进行封存。

大国浓香，让世界重新发现东方

仪之美，于个人而言，是个体气质、修养的彰显；于家族而言，是族群荣耀的传承；于国家而言，是民族精神、民族自信的讴歌。纵观世界史，像中国面积那么广大，历史那么悠久的国家，仅此一例。正如康有为云：五千年光大宏巨气象，唯我中国而已。

气度的形成，历经历史的累积、文化的浸淫，方能气象万千。正如酒，在时间与文化的沉淀中，迎来质的改变。

一种成熟的大国气度，是海纳百川的国家形象，是民族高度的文化认同，是国民整体的文化自信。

相由心生，境随心转。文化是心的源头，自信是心境的支点。

大国气度不只是国家层面的事情，其实，只有当个体觉醒了，整个民族的自信才有着更坚定的根基。我们每一个中国人，都应该以自己的方式，去找回逝去的传统，去建立文化的自信，去养成大国公民的气度，从而真正推动中华民族的伟大复兴！

◎唐阎立本《步辇图》

中国白酒作为集中国饮食文化、古典艺术、民间传统技艺、中国传统礼仪文化等诸多元素于一身的大成者，是中国文化向世界进行传播的极佳大国文化符号。

当品鉴师们以优雅的白酒行为美学，展示古老国度的东方酒韵，又何尝不是以自信的姿态颂扬泱泱中华的传统文化？

让我们端起这杯美酒，以大国浓香之名，让世界重新发现东方！

禮

礼待天下，白酒的传统仪轨

礼，履也，所以事神致福。

其本义为击鼓奏乐，奉献美玉美酒，敬拜祖先神灵。

礼循天地之法，是谓“礼法”；

礼呈社会、国家之仪轨，是谓“礼制”；

礼承华夏传统习俗，是谓“礼俗”。

自古酒礼相生，礼为酒的内涵，酒为礼的践行。

出生礼

在汉民族传统中，一个新生命的到来，需经历诞生、三朝、满月、百日、周岁五种礼仪。自三朝礼开始，对应的酒宴有『三朝酒』『满月酒』『百日酒』『抓周酒』。

三朝礼是婴儿出生后第一次尝到酒香，用酒、糖、鱼等食物制成汤水，少许涂抹在婴儿嘴上，俗称『开荤』。

国学大师钱穆曾说，中国文化传统说到底是一个字，就是“礼”。

孔子曰：“郁郁乎文哉，吾从周。”他尊崇周朝的什么呢？唯有一“礼”字罢了。身为商汤后裔，却为何独尊“周礼”？或许是因为他出身于没落贵族家庭，有着“崇礼”的先天传统。又或许是因为他安身立命的鲁国，正是那位“制礼作乐”的周公的封地，留存深厚的“周礼”文化底蕴。

不可否认的是，孔子对“周礼”情有独钟。在他看来，周礼是在夏、商礼制基础上进一步传承、创新、完善而形成的，有着更为丰富的精神内容，是最理想的社会制度。

周礼所树立起的文化仪轨遍及中国人生活的方方面面，既是天子的王者之道，庙堂的治国之本；也是寻常人衣、食、行、住，岁时行事的族群共识。而与“礼”相生相伴的“酒”，也随之全方位进入中国人的生活——国礼，乡礼，家礼。国家祭祀离不开酒，春秋乡射离不开酒，冠礼、婚嫁离不开酒……可谓“无酒不礼”。

孔子“引仁入礼”，以儒家学说阐释华夏文化，建立起以“仁恕”为核心的中国传统文化思想体系。可以说，以仁恕待人的儒家理想人格，便是华夏民族的人格化身。

中国人讲“礼”，其实就是注重“关系”——注重人与自然的关系，注重人与社会的关系，注重人与人之间的关系。承载礼文化内涵的酒，其本质也是维护人与自然、社会、他人，以及自己的各种关系。

由周礼衍化而来的社会仪轨，联系着国家、民族、宗族的过去与现在，成为中国古代的社会基石，奠定了中国人“以礼待人”的行为模式与文化基因，从而铸就了华夏世界内部因共同意识而产生的文化凝聚力。

转眼千年，时代巨变，中国独创的智慧精粹“礼”真的就完全消失了吗？也许，我们在研讨美酒中能得到一些事实性的答案。

乡饮酒礼

古代举行乡饮酒主要有四种情况，分别为『三年宾贤能』『乡大夫饮国中贤者』『州长习射饮酒』『党正腊祭饮酒』，一般都在冬季举行。『乡大夫饮国中贤者』，即乡学学生毕业礼。学成后，优秀者经乡里大夫考察，可向民政官员司徒举荐，称为『选士』。中选后，乡大夫设宴以宾礼相待，并请本乡德高望重的长者作陪，称为『乡饮酒』。『州长习射饮酒』，相当于州学学生毕业礼。每年春秋两季，州官要『会民习射』，宴请乡邻。唐代以后演变为地方官款待进京赶考学子的宴会。

礼法自然，万物有序的大道法则

“礼者，天地之序也。”圣人如斯感叹。

其实，重视农业耕作的先民，早已将天地的礼法，融到了日常生活生产中。

四千多年前，姬姓先祖公刘，将部落从甘肃迁至陕西，创建部落国家“豳（bīn）国”，为后来周王朝的崛起奠定了根基。

豳地周人以天地为本，遵循四时法度，而事“农桑衣食”。一年十二月，每月做什么，都有着明确的规范。

比如，在《诗经·豳风·七月》里，周部落的人们要酿造一年中最好的“春酒”，八月就要开始准备，“八月剥枣，十月获稻，为此春酒”。枣子和稻谷是当时酿酒必不可少的原料。

直到今天，泸州老窖酿酒人还恪守着同样的自然酿造规律：“秋收粮，冬入窖，春出酒”。

“礼”的起源，体现着“道法自然”的核心思想。泸州老窖“天地同酿，人间共生”的酿造思想，与这一自然之礼一脉相承。

你看，那发源于唐古拉山的雪水绵绵流淌，同时孕育着泸州的风土；历经侏罗纪的紫土在聆听着七月糯红高粱的赞歌，五渡溪纯净的黄泥构筑起“千年老窖万年糟”的浓香宫殿，万千微生物在其中无限循环，生生不息；美酒在春天进入纯阳洞、醉翁洞、龙泉洞与时间窃窃私语，期盼老熟……酿酒中所有的要素，都遵循自然之法有序地运行着，酿酒人不过是守着自然之礼，与“天地同酿”。

作为泸州老窖的酿造哲学，“天地同酿，人间共生”秉承着“独与天地精神往来”的内涵，把人的精神体验与天地融合贯通，让所有人都能达到“天地与我并生，而万物与我合一”的天人合一境界。

你听，那郁郁寡欢者在饮，那笑逐颜开者在饮，那怒发冲冠者在饮，那慌张失色者在饮，仁者饮之，义者饮之，智者饮之，举世皆饮……在那滚滚红尘里，唯有这浓烈酒香与“人间共生”。

“天地同酿，人间共生”是通过观察天地之玄妙，领悟万事万物相互联系、相互转化的共生法则，它祝福着人与万物、与自己都能“和谐共生”。

寻香溯源，酒之神，亦是礼之魂。

乡射礼

先秦时期，每年春秋两季，乡大夫邀请当地的卿、大夫、士和学子，在州立学校中举行『乡射礼』。礼前，须先行『乡饮酒礼』。乡射礼，一般分三轮，从第二轮开始计算成绩，负者喝罚酒。『旅酬』是射礼结束后的余兴节目，宾客遍饮酬酒，歌奏不已，尽欢而止。

国以礼治，礼仪之邦的誉美之路

从周公“制礼作乐”，到儒家定“礼乐仁义”，再到如今成为中华文明不可或缺的组成部分，“礼”天生便拥有“别异定序”的功能。

如同火的出现是影响人类社会由蒙昧状态进入文明状态的关键因素，礼的诞生，是区分文明与野蛮、进步与落后的重要标准。

譬如，周王朝的国酒——秬鬯（jùchàng），依据礼制，就须以专门的酒器“卣”盛放，而且这秬鬯可不是什么人都能喝到的，只有周天子飨饮宾客或赏赐功臣时才有机会品饮。

“以酒礼之”，一直是中国人的传统。1954年，周恩来总理在瑞士日内瓦会议上，就曾指定用泸州老窖大曲酒作为宴会用酒。到了1960年，几内亚共和国总统塞古·杜尔偕同几内亚的其他贵宾，对我国进行友好访问期间，毛泽东主席设宴招待了赛古·杜尔总统，他们晚上喝的便是“工农牌”泸州老窖特曲酒。由此可见，礼制与美酒常常相伴相生，共同演绎中国的大国形象。

◎曾侯乙编钟

曾几何时，华服衣冠，君子德行，是举世无双的文明风范。即使在今天，海外华人文化圈依然可以感受到温文尔雅的中华之礼。礼仪之邦，誉美世界，其中便有酒的身影。

燕礼

入世后，『酒』成为联络关系的重要载体。『燕礼』是古代贵族在闲暇之时为联络感情而宴饮的礼仪，其最高级别当是天子宴饮诸侯。燕礼仪节简约，以饮酒为主，有折俎而没有饭，只行一献之礼，意在使宾主尽欢。

冠礼/笄礼

古代嘉礼之一，分别是汉族男子与女子的成人礼。男子束发戴冠，女子盘发插笄，以示成年。受礼者以酒行醮礼，并以『醴酒』宴饮宾客。《仪礼·士冠礼》曾载『醴宾，以一献之礼』『若不醴，则醮用酒』。

人以礼立，处江湖之远的乡礼记忆

国有国之礼，民有民之俗。

在中国，从高远庙堂到百姓人家，从物质到精神，无不处在“礼”的范畴之中。《礼记》有云：“凡人之所以为人者，礼义也。”由此可见“礼”对中国人的重要性。当“礼”飞入寻常百姓家时，它便演变为了礼俗。泸州是著名的“中国酒城”，自古就有二月初二祭拜天地、敬奉先贤、感恩祈福的礼俗，民间称之为“龙抬头”。后来，这一礼俗逐步演化为泸州老窖宏大庄严的封藏大典。

封藏大典当天，泸州老窖以正统的祭祀之礼祭祀先祖，同时将当年的春酿原酒在社会各界的共同见证下入洞封藏。

自2008年首开盛典至今，封藏大典已成功举办十余届，是泸州老窖每年重要生产活动的开始，也是泸州老窖最具代表性的文化活动之一。

2018年，正值第十届封藏大典的盛事，泸州老窖·国窖1573封藏大典首登太庙，向社会重现了传统白酒的祭祀和封藏典仪，吸引着世界目光，更传达出让世界品味中国的气韵和愿望。封藏大典在遵循礼俗中，完美地展现了洗、祭、鉴、藏的浓香过程，它那庄严的形式，丰富的意义，其实是在向全球展示中国酒文化的丰厚底蕴和神秘魅力！

每年二月初二这一天，泸州老窖国窖人都会祈愿祭祀，表达对先祖的敬重与感恩。慎终追远，饮水思源，以此开启新一年的劳作与酿酒季，祈福风调雨顺。同时，也是表达对酿酒的工匠技艺与精神的传承。祭典礼成，国窖师傅便会抬着当年的春酿原酒，在社会各界的共同见证下入洞封藏。所有礼典的形式都是为了求真求善，求为世间酿成美酒。

泸州老窖的封藏大典是在礼俗之上升华而来的产物，其中饱含了泸州老窖人的朴素智慧和意味深长的守望思想。

由此观之，泸州老窖酒蕴藏了“礼”的所有深邃内容。礼法自然铸造了它“天地同酿，人间共生”的酿造思想，礼治天下构成了它文明典范的文化形象，封藏礼俗造就了它求真求善的理想。

不知礼，无以立；不饮酒，无以参天地。从礼和酒中，我们看到了中华精神的一脉相承、源远流长。我们也看到了世人和谐沟通，世界大同的期望。

因此，当我们举起国窖美酒，也同样是在举起那面高高飘扬了几千年的礼文化旗帜。酒礼圆融一体，为了守世间一份传承，为了敬世界一杯浓香！

昏礼

即『婚礼』。古人认为黄昏是吉时，故在黄昏行娶妻之礼。在正婚礼仪中，『合卺礼』是最重要的一环。古人以一只剖成两半的匏瓜作酒杯，夫妻各饮一半，随后交换再一饮而尽。饮完合卺酒后，把匏瓜合起来用红线系好，表示夫妇一体永不分离。合卺礼，起源于周制婚礼，是现代婚礼『交杯酒』的前身。

春酿

春酿，顾名思义，就是春天酿的酒。
泸州的秋天，糯红高粱成熟了，农民便把高粱收割起来，
第一时间送到国宝窖池。经过秋收、冬藏后，
春季万物复苏，温度适宜，雨水充沛，是酿酒的最佳时节，
酿出的春酿也是一年中最好的美酒。

丧礼

『礼莫重于丧』，丧礼，是人生的终结。在先秦丧礼中，酒是亡者的重要祭品之一。《仪礼·士丧礼》记载：『馔于东堂下，脯醢醴酒。』是说，死者去世后的第二天，将干肉、肉酱、甜酒等陈放在东堂之下。

寿礼

『酒奉南山寿，觞开北海尊』，中国自古有为老人祝寿的习惯。寿宴寿酒，都离不开酒。做寿讲究『尊亲在不敢言老』，意思是说如果父母健在，无论自己年龄多大，都不能为自己『做寿』，只能『过生日』。

龍抬頭

◎国窖1573封藏大典

泸州老窖自古就有开春祭祀、原酒封藏的传统。自2008年开始，泸州老窖恢复这一传统礼制，于每年农历二月初二（龙抬头）之际，以正统的祭祀之礼祭祀先祖，同时将当年的春酿原酒在社会各界的共同见证下入洞封藏。这一活动至今已成功举办十余届，是泸州老窖每年重要生产活动的开始，也是泸州老窖最具代表性的文化活动之一。

2018年，泸州老窖·国窖1573封藏大典首登太庙，向社会重现了传统白酒的祭祀和封藏典仪，吸引着世界目光，更传达出让世界品味中国的气韵和愿望。

瀘州老窖·國窖1573
浓香国酒
历代先贤宗师
浓香国酒
瀘州老窖 國窖1573

浓香国酒
瀘州老窖 國窖1573
大封
典藏

浓香国酒

樂

乐饮四季，中国人的生活智慧

乐，最早见于甲骨文，最初出现于原始宗教祭祀，是人沟通神灵的载体，

与“酒”共同成为“礼”的重要组成部分。在中国，“乐”（yuè），即是“乐”（lè）。

“乐”，念“yuè”时，代表乐器，也代表音乐、诗歌等艺术形式；

念“lè”时，表达愉悦的状态和心情，凡是使人愉悦、令人感官得到享受的东西，都可以称之为“乐”；

而当它作为“礼乐”出现的时候，又演变成涵盖社会功能、阶级仪轨的文化制度。

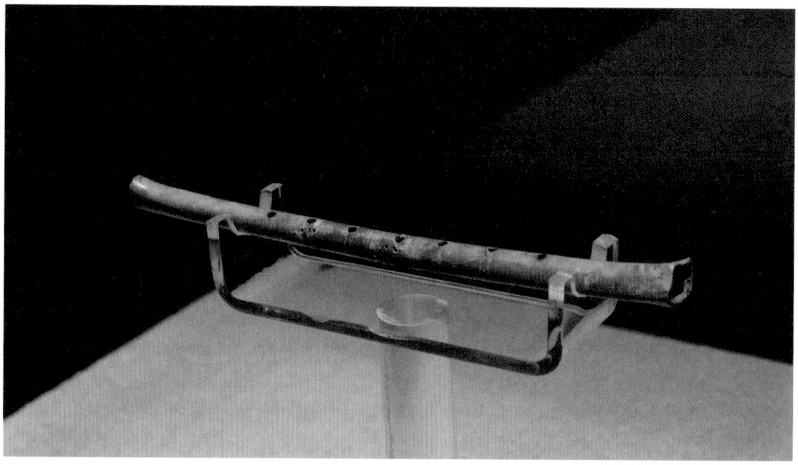

◎贾湖骨笛

湿地之畔，笛声悠扬，群鹤飞舞。一支逃难至河南舞阳贾湖的部落，正在进行一场关于生存的祭祀。对新环境的陌生，以及对未来生存的迷茫，紧紧地勒住大家的心。对于刚刚安顿下来的他们来说，周围环境任何的风吹草动，都会引发恐慌。族人虔诚地献上族里仅剩的美酒，部落首领吹响用鹤骨做的骨笛，沟通天地神灵，祈问部族未来之路。

◎五代南唐 顾闳中《韩熙载夜宴图》局部

由乐而乐 酒乐相随

八千年的远古笛声，吹响华夏民族的文明之路。自原始巫祭活动起，“乐”与“酒”便相生相伴，作为“礼”不可或缺的内容，成为与天地神灵沟通的重要载体。

人们通过特定的器物，狂歌纵饮，不仅情感相通,也和天地相通。在这方面，“乐”与“酒”冥冥中存在着妙不可言的共性:人通过器乐，获取欢愉的心灵体验；同样，人通过美酒，沉浸欢醉的感官享受。

从感官享受之物到艺术形式体验，再到情感的宣泄，通过官能愉悦的满足，寻求生命的充实感，这正是“乐”与“酒”之于人类的特定含义，也是中国人与生俱来的行道为乐的生活智慧。

而这种蜕变，使“乐”与“酒”逐渐成为独立而纯粹的艺术，同时也见证了人类文明的演进。

在中国几千年的传统中，“酒”与“乐”形影相随，成为中国人情感沟通的重要载体。上至达官贵族，下至贩夫走卒，“酒”与“乐”的表现形式各不相同，但人们享受“酒”“乐”的需求却是一致的。虽然历朝历代有着各自的喜好

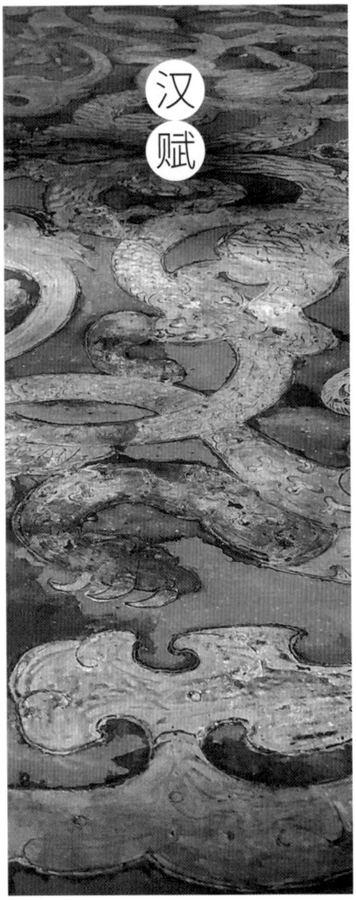

风尚，诸如汉赋、唐诗、宋词、元曲……但饮酒纵歌，咏志抒情，一直是古人最惬意、最尽兴的人生乐事。

在中国历史上的春秋时代，屈原足踏楚舞，吟唱《九歌》，向春神祈福，“蕙肴蒸兮兰藉，奠桂酒兮椒浆”。在英雄辈出的三国时代，曹操执槊而舞，慷慨而歌，“对酒当歌，人生几何”“我有嘉宾，鼓瑟吹笙”。在率直清俊的魏晋风流中，阮籍抚琴长啸，“及时行乐也当留连，人生不饮也胡为然”。当气象万千的盛唐来临，诗仙李白豪饮高歌，“烹羊宰牛且为乐，会须一饮三百杯”“将进酒，杯莫停”！在流光溢彩的宋文化中，李清照斜欹山枕，低吟浅唱，“酒意诗情谁与共”！在萧散爽逸的明清精致生活中，高启一杯一曲，“莫惜黄金醉青春”。

随着时间的推移，文化的成熟，“酒”与“乐”相生相伴，在华夏文明的滋养下，结出了博大精深、独立于世界文化之林的东方智慧与文化之果。

君子得其道而乐

有一种智慧，叫“乐天知命”。

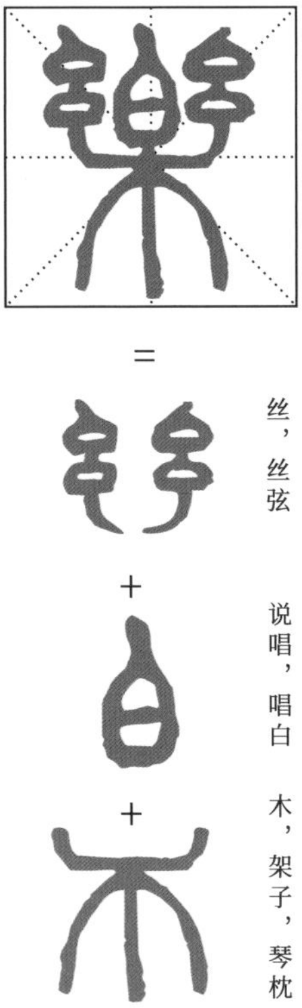

◎击鼓说唱俑

关于“乐”的智慧，我们在汉字“樂”中可以找到一种直接的提示。从字形上看，“樂”如同古人在愉快地琴瑟而歌。

两千年前，一位头戴三朵簪花、身着交襟长袍的巴蜀女子，两手高低错落，抚着腿上的琴。她面带微笑，正沉浸在自己的乐曲中。

殷实富足的天府之国，乐观悠闲的川人性格，赋予了女子更从容、自信的生活态度。或许在她看来，这是最好的时代，这是最好的自己。她要将这一刻永远保存下来，带进生命的另一个国度。

与她有着同样想法的人，还有很多。她，只是众多汉代陶俑中普通的一员。相比而言，击鼓说唱俑算是陶俑中的“大明星”。

不同于青铜饕餮的威吓、魏晋佛像的悲悯、唐宋绘画的写实，汉代陶俑执着于追求人性最初的美好，形象古拙、质朴，但栩栩如生而有感染力，几乎每一尊陶俑都面带笑容，眉目舒展。

时至今日，习惯慢节奏生活的四川人，仍承袭着巴蜀先民乐观豁达、悠闲自信的文化基因，享受着一山一水，一茶一食，滋养安逸、巴适的休闲生活方式。

当然，中国历史的发展并不都是一帆风顺，而人生的历程也并非一片坦途。但中国人凭着自强不息、乐观豁达的天性绽放出不一样的精彩。酒以达情，乐以抒怀，无疑是古人笑对人生、陶冶性情的最佳排解方式。

有着“诗豪”之称的刘禹锡，在人生豪赌中惨淡落场。自昙花一现的“永贞革新”失败后，他进入了长达23年的贬谪生涯，但对生活却始终一往情深。正是这份深情，支撑着他乐观、豁达地去生活、去战斗。23年后，当他在扬州与白居易相逢时，早已经物是人非。宴席上，面对好友的叹惋赠诗，刘禹锡饮酒歌赋，以一腔豪情相回赠：“沉舟侧畔千帆过，病树前头万木春。今日听君歌一曲，暂凭杯酒长精神。”

求索千年，安贫乐道的中国人，已习惯以“酒”与“乐”冲淡人生的苦难，去享受那片属于自己的天地。

而白酒品鉴又何尝不是如此？当季节性、地域性的品味与审美融入中国白酒，又将勾调出怎样的欢乐？春花秋月，夏雨冬雪，若无闲事挂心头，便是好酒醉时节。我们因循自然，不时不食，体验来自四季的品饮乐趣。

我们捕捉来自天南地北的中式元素与生活灵感，通过将酒体的风味口感、专业知识与生活情趣、历史典故进行串联，搭配出全新的白酒语境，以先锋姿态，传达东方美学意境，开启一种全球化时代的东方品饮乐趣。

从生活中捕捉“乐”，再将之以“酒”的艺术形式，分享给世人。可以说，泸州老窖·国窖1573中式特调酒，是传承与灵感的天作之合，是大乐山水的感官之旅。

◎宋 赵佶《听琴图》

和合之美，天地同乐

乐者,天地同和也。

酒与乐，是人类情感、文化的结晶。在五千年的历程中，芬芳的美酒与美妙的旋律洋溢在中华大地之上，演绎和美之华章。

时代在变，生活在变，但“酒”与“乐”的精神却没变，始终与中国人的生活、传统融为一体。

“古来醉乐皆难得”，当我们端起一杯中国白酒，欢乐随着酒香在心中自然流露。由乐而乐，天地皆沉醉于此间由内而外的欢愉中。因技而生，因醉而止，因乐而和。回首泸州老窖酒六艺品鉴，技是传承基石，韵为浓香美学，颂以致敬时代，仪成大国风度，礼立白酒内涵，乐归和合品味。

中 式 特 调 酒 创 意 型 录

中式特调酒型录

与世界同乐，泸州老窖首创中式特调酒

初生东方的中式特调酒体系——六饮

“醉悦四序”主题中式特调酒

“文化之光”主题中式特调酒

红拂夜奔

“浓香世界”主题中式特调酒

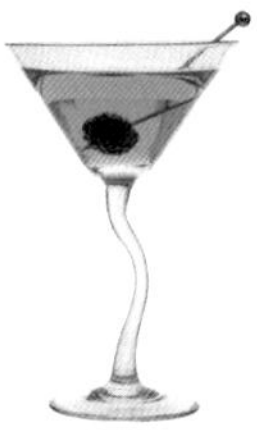

采薇

水 浆 醴 凉 医 酏

春醒人间

夏倚清酣

秋吟醉兴

冬待酒客

易水寒

湖心亭看雪

梦旅人

望乡

澳网蓝

PANDA1573

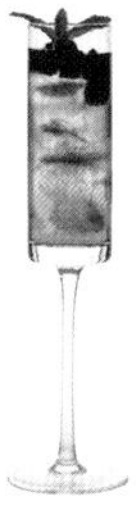
丝路连中巴

星云海洋

与世界同乐

泸州老窖首创中式特调酒

大行其道的鸡尾酒文化，宛如一场全球化的狂欢派对，不同地域的酒或饮料，不同人群的品饮感受，不同国度的风土人文，不同次元的流行元素，彼此交融，举杯畅饮。

这场感官的狂欢，也一直在期待古老的中国白酒，以更年轻时尚的姿态诠释东方特质……

经过十余年的摸索，泸州老窖从中国传统文化中汲取灵感，首创独树一帜的中式特调酒（中式鸡尾酒），不仅丰富了世界鸡尾酒体系，更开启了全球化时代的东方品饮乐趣。

独具创意的泸州老窖中式特调酒，是传统“中国味道”与世界融合的最新表达。它以白酒为基酒，将白酒古老的品味艺术与多元的中式食材调配，创造出前所未有的口感和风味。

它通过将酒体的风味口感、专业知识，与生活情感、历史典故进行串联，搭配出全新的白酒语境，以先锋姿态，传达东方美学意境。它让更多年轻群体和海外品饮爱好者，了解并喜欢上中国白酒所蕴藏的文化内涵与千年工艺，让中国白酒与世界的对话更多元、更包容、更富意趣！

浓香六饮

NONG XIANG LIU YIN

初生东方的
中式特调酒体系

喜欢鸡尾酒的人都知道，鸡尾酒一般按照基酒（威士忌、朗姆酒、伏特加、白兰地、金酒、龙舌兰）来分类，或按饮用时间分短饮和长饮。当然，也可以按照产地、口味、定型与否、饮用温度等划分。

而作为世界鸡尾酒体系的新成员，中式特调酒有着共通却相对独立的品饮体系。首先，中式特调酒与一般鸡尾酒最大的不同点，在于其基酒为以泸州老窖酒为代表的中国传统白酒。其次，在辅料的选择上，融入了更多元的中式饮品或食材。从创意酒名到造型，从勾调技法到情景构建，中式特调酒以留白、步移景异等东方艺术语言，传递雅致神秘的中式审美意韵。

中式特调酒有着自己的双重功能性。它是轻盈的，是一款极具东方灵动气韵的休闲饮品；它也是厚重的，承载着文化传播与交流的使命，是人们了解并喜爱中国酒文化与传统酿造工艺的理想媒介。

悠久而绚烂的中国文化是中式特调酒的灵感源泉。早在三千年前，开启“礼乐中国”的周王朝，奠立了中国人的品饮体系——五齐、三酒、六饮。其中，“五齐”是祭祀之酒，“三酒”是宴饮之酒，“六饮”是周王室的日常饮料。

《周礼》记载的“六饮”，即“水、浆、醴、凉、医、酏”。

水，顾名思义，就是饮用的水，但古时贵族们饮用的多为精心挑选水源地的纯净之水。

浆，“酿糟为之”，是一种味道微酸的冷饮。

醴，是用黍、稻、粱等谷物酿制的一种带有甜酒味的饮料。

凉，是用“糗饭杂水”酿制的、“居之冰上，然后饮之”的冷饮。

医，是比“醴”清的一种饮料，煮米成粥而后加“曲糵”（酒曲）酿制而成。

酏，就是今天常说的稀粥，比“医”更薄。

泸州老窖品鉴师团队承效周礼古制“六饮”，以中式美学意境为表达，并结合鸡尾酒的口感、色泽、功能、饮用时间与调制方式，开创性地构建起一整套中式特调酒体系——浓香六饮。

水

水——无色中式特调酒
纯饮、冰饮、冰镇

『水』，因至清至朴，故至尊至贵，位列六饮之首，古人称之为『玄酒』

『水』类中式特调酒

主要为泸州老窖酒纯饮，或经简单调制的如水纯净的休闲鸡尾酒，适合喜欢口感纯粹或简单的饮酒人士。

配料示意

基酒

冰

浆

浆——蔬果类中式特调酒
以新鲜蔬果汁为主

周代『浆』，是一种酸浆汁

『浆』类中式特调酒

以泸州老窖酒为基酒，用鲜蔬、果榨汁为辅料，略带天然果酸，甜度低，也可用作餐前鸡尾酒，开胃健食。

配料示意

基酒

蔬菜汁

果汁

醴

醴——MIX中式特调酒
以混合利口酒、力娇酒、糖浆等西式鸡尾酒常用原料为主

『醴』，即甜酒

『醴』类中式特调酒

以西式鸡尾酒调配方法及原料制作的中式鸡尾酒，口感偏甜。以泸州老窖酒为基酒，以浓缩果汁、汽水等为辅料，调制方式随意多样，适合个人消磨时光或用于派对场合。

配料示意

基酒

力娇酒

汽水

糖浆

凉 —— 沙冰中式特调酒

『凉』，离不开冰的冷饮

凉

『凉』类中式特调酒

属于沙冰类饮品，以泸州老窖酒为基酒，搭配各种天然水果辅料而制成，是清凉夏日的经典搭配。

配料示意

基酒

冰

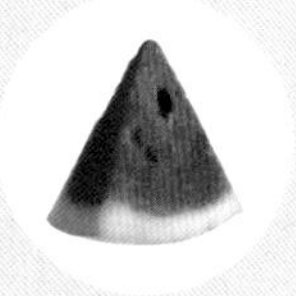

天然水果

医 —— 养生中式特调酒

以茶、大枣、枸杞、山楂等中药食材为主要原料

『医』，是古人『食药同源』的佐证

医

『医』类中式特调酒

带有养生功能，是以泸州老窖酒为基酒，融入健康食材，是养生人士的不二选择，也可用作餐后鸡尾酒。

配料示意

基酒

大枣

枸杞

山楂

酏 —— 养颜中式特调酒

以燕窝、血燕、桃胶等胶质状食材为主要原料

『酏』，即稀粥

酏

『酏』类中式特调酒

以泸州老窖酒为基酒，以天然固态食材为辅料，以食入酒，具有高营养价值，常搭配高端宴饮使用。

配料示意

基酒

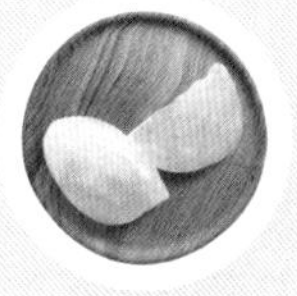

燕窝

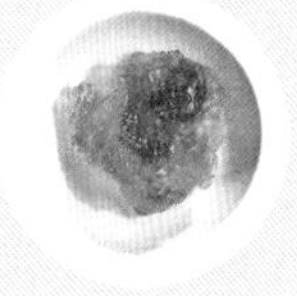

桃胶

醉悦四序

ZUI YUE SI XU

四序轮回，因时而食，中国人素有“不时不食”的习惯。

春生夏长，秋收冬藏，佐时而饮，从时光深处走来，醉几分世间烟火，醉几分山水诗意……

酒起盏落，一杯中式特调，四季风物天华，红袖添香，青衫吟雅，

方寸天地，酒韵勾绘。

春醒人间

CHUNXINGRENJIAN

Ingredients 配方

国窖1573酒 / 绿荷糖浆 / 柠檬汁 / 雪碧 / 黄瓜

Taste 口感

酒体翠绿，薄荷香味突出，清新爽口。

Inspiration 灵感

江水初暖，春山新绿，试酒问故人，遥寄一杯春。
微雨浅草，聆听生命与梦想的悸动——
青春，当不负诗酒年华。

酒度Degree：6%vol

夏倚清甜

XIAYIQINGHAN

Ingredients 配方

国窖1573酒 / 橙味君度 / 荔枝糖浆 / 雪碧 / 夏季时令水果

Taste 口感

酒体轻盈、清爽且芳香浓郁，

柔软香甜的果香口感，呈现出甜美风味。

舌尖味蕾被夏季水果的甘甜环绕，回味丰富醇香。

Inspiration 灵感

风荷清幽，一席残酒。

梦觉蛩音静，听棋子敲闲，水溅清圆。

相醉忘不掉的夏日时光，

渐入微醺到只听见心跳……

酒度Degree：8%vol

秋吟醉兴

QIUYINZUIXING

Ingredients 配方

国窖1573酒 / 荔枝糖浆 / 柠檬汁 / 菊花茶汤 / 铁观音茶汤

Taste 口感

幽幽菊花香和酒香，馥郁香甜，清爽又不失花果香，口感淡雅宜人，唇齿留香。

Inspiration 灵感

秋声如歌，思念如酒。似痴，鹤放归云，豪兴流连；

还醉，枫染层林，宁静致远。

且调白露一盏，唤醒，秋思无限。

酒度Degree：7%vol

冬待酒客

DONGDAIJIUKE

Ingredients 配方

国窖1573酒 / 黑加仑汁 / 柠檬汁 / 柠檬草味苏打水 / 大红袍茶汤

Taste 口感

果味茶味协调，柠檬草的清香与酒香融合， 口感层次丰富、酸甜适中。

Inspiration 灵感

立鹤听雪落，暖酒煮梅香。旭日已升，无所谓必等的酒与人，

此间雅意，相逢即知音。醉时无声，沉浸冬的留白艺术。

酒度Degree：5%vol

文化之光

WEN HUA ZHI GUANG

诗缘情，情随物迁，酒助情生。

“诗酒琴棋客，风花雪月天”，

在酒的深情里，感受文学的温度，品味文化的情韵。

那杯间流连的，是红拂的心动，是荆轲的勇气，

是张岱的偶遇，是庄周的自在，是阿倍仲麻吕的知音……

红拂夜奔

HONGFUYEBEN

Ingredients 配方

国窖1573酒 / 蜂蜜 / 草莓汁 / 纯净水 / 食盐

Taste 口感

浓郁的草莓香气和酒香，入口绵密，
香甜中伴有微微的咸，果香明显，后味干净。

Inspiration 灵感

心动是什么？
是初次邂逅的一见钟情？
是天涯海角的患难相随？
心动是如酒的美好，
带你抛却怯弱，
拥有“红拂夜奔”的勇敢。

酒度Degree：6%vol

易水寒

YISHUIHAN

Ingredients 配方

国窖1573酒 / 薄荷叶 /

可乐 / 龙舌兰酒 / 君度酒 / 柠檬汁 / 冰块

Taste 口感

国窖的绵甜爽快遇见现代饮品，可乐的焦糖味、柑桔香气混合龙舌兰香气，口感浓郁、层次丰富。二氧化碳的气泡给口感带来更丰富的感觉，薄荷香气清新自然、冰凉沁润。

Inspiration 灵感

面对宿命，你当如何抉择？

荆轲用“君子一诺、视死如归”的豪情，

诠释何为“勇气”。

饮尽此酒，放手一搏，

不为让世界看见，只为看见世界。

酒度Degree：7%vol

湖心亭看雪

HUXINTINGKANXUE

Ingredients 配方

国窖1573酒 / 柠檬汁 / 桂花糖浆 / 单糖浆 / 鸡蛋清 / 冰块 / 干桂花

Taste 口感

国窖1573的窖香味和粮香味与桂花香结合，
酒香浓郁醇厚，花香细腻优雅，泡沫丰富顺滑。

Inspiration 灵感

偶遇，有如张岱的湖心亭看雪，是遭遇陌生气息的奇妙体验，
是一次突然降临的惊喜，是一次不期而遇的美。
用一杯酒，与"惊喜"相遇，经历超越日常的美的瞬间。

酒度Degree：7%vol

梦旅人

MENGLUREN

Ingredients 配方

国窖1573酒 / 水蜜桃汁 / 蓝橙力娇酒 / 紫罗兰力娇酒 / 柠檬汁 / 碎冰块

Taste 口感

香甜略酸，冰凉沁爽，国窖 1573 香味成分中带有的热带水果气息被释放出，与果香、花香融合，清淡冰爽。

Inspiration 灵感

人生的诗意是什么？是庄周梦蝶，“逍遥于天地之间，而心意自得”；
是日常里闪光的无数个“美的瞬间”；
是一杯酒带来的一次发现、一次释放、一瞬自在的品味……

酒度Degree：5%vol

望乡

WANGXIANG

Ingredients 配方

国窖1573酒 / 苦荞茶汤 / 日式抹茶奶茶粉

Taste 口感

抹茶的清新融入到淡淡的奶液中，衬托了苦荞茶天然的清香，
日式茶香与中式茶香相结合，配合传统白酒，口感细腻伴有酒香。

Inspiration 灵感

对18岁入唐的阿倍仲麻吕来说，此心安处即吾乡。何以心安？
有懂我的酒和知己，有我喜欢的山巅和溪谷，有我认同、仰慕的一切。
日本是我的故乡，盛唐更是我精神的故乡。

酒度Degree：5%vol

香浓世界

XIANG NONG SHI JIE

酒，跨越地理与种族，成为世界共通的语言。

以酒为媒，勾调中国文化与世界文化的交融。

舞剧、体育、科幻、丝路……跨纬度的触碰，

传递中式意境的品饮审美。

酒香氤氲，以酒杯里的中国故事，让世界品味中国。

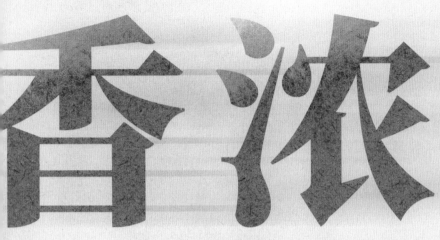

采薇

CAIWEI

Ingredients 配方

国窖1573酒 / 苏打水 / 柠檬汁 / 黄瓜/
蜜桃力娇酒 / 蓝橙力娇酒 / 橘皮

Taste 口感

酒体呈蓝绿色，口感酸甜，橙味舒适，酒香舒适。

Inspiration 灵感

“昔我往矣，杨柳依依。今我来思，雨雪霏霏。”
参照《孔子》舞剧中的“采薇舞”，
酒体以诗中杨柳与舞中服装的蓝绿色为主体色彩，
呈现女子的温婉柔美与士兵的思归柔情。

酒度Degree：6%vol

澳网蓝

AOWANGLAN

Ingredients 配方

国窖1573酒 / 荔枝糖浆 / 蓝橙力娇酒 / 柠檬汁

Taste 口感

蓝橙力娇酒的橙味融合荔枝糖浆的荔枝味，
迸发出复合层次的果香充盈整个口腔。酒香淡淡弥漫，
在柠檬汁的调和下，果香轻盈，酸度适中，尾调丰满。

Inspiration 灵感

被自然偏爱的澳网蓝，纯粹，深邃，正如被自然偏爱的浓香国酒，纯净，丰富。
国窖蓝与澳网蓝交织，如同国窖1573与澳网的完美合作。

酒度Degree：10%vol

配方 Ingredients

国窖1573酒 / 雪碧 / 黄瓜片 / 柠檬

口感 Taste

酒体清新自然，搭配柠檬、薄荷，
为来宾带来一份“中国味道”。
以憨态可掬的熊猫装点，
让品饮者感受巴蜀特有的白酒
技艺传承、创新态度与国宝文化，
与知己共饮，分享酒之真谛。

灵感 Inspiration

用3片贝壳状的食材，
营造成悉尼歌剧院外形。
来自中国的大熊猫，
正陶醉在歌剧《图兰朵》里。

酒度Degree：11%vol

PANDA 1573

丝路连中巴

SILULIANZHONGBA

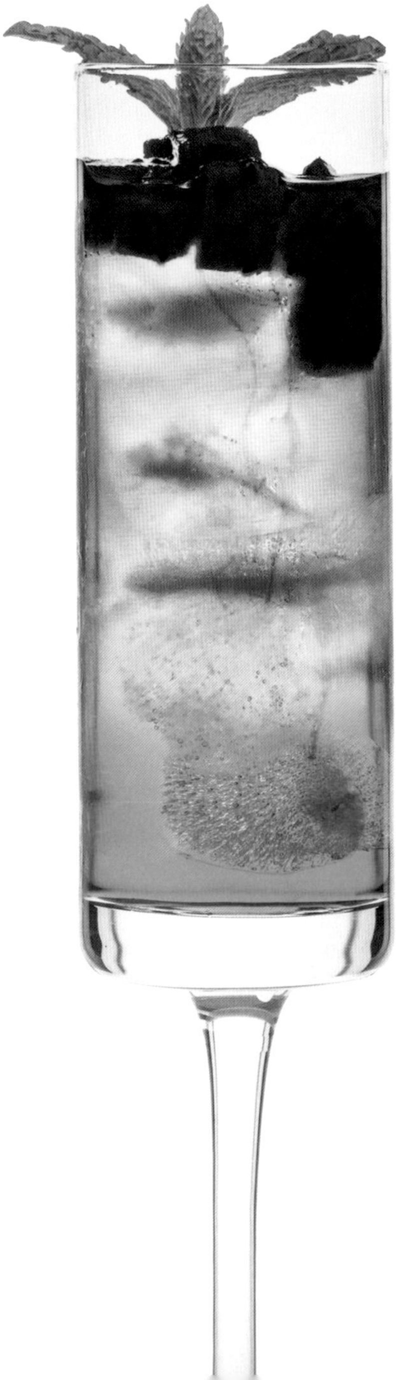

Ingredients 配方

国窖1573酒 / 蓝橙力娇酒/

柠檬汁 / 雪碧 / 椰子糖浆 / 火龙果

Taste 口感

酒体呈现紫蓝色渐变，口感清爽，

蓝橙和椰子糖浆与酒融合协调，

清新淡雅，闻着有股淡淡的蓝橙果味。

Inspiration 灵感

这款酒是为纪念中巴建交一周年而特别设计创作，

包含了中国、巴拿马两国国旗的颜色。

海上丝绸之路是中国与世界连接的重要桥梁，

是中国文化与世界文化交流的重要纽带。

谨以此酒，致敬中巴友谊的紧密长存。

酒度Degree：5%vol

星云海洋

XINGYUNHAIYANG

Ingredients 配方

国窖1573酒 / 君度力娇酒 / 蓝橙力娇酒 / 蓝莓汁 / 草莓糖浆 / 柠檬汁 / 食用金粉

Taste 口感

酒体呈现银河海洋的效果。
国窖1573的幽雅窖香，夹着蓝莓、草莓、柠檬的果香，口感协调舒适，酸甜爽净。
给品饮者带来视觉和味觉的双重极致感受。

Inspiration 灵感

这款酒是为纪念全球华语科幻星云奖十周年庆典而特别设计创作。
酒体采用了银河、星象等科幻元素，意在携手推动中国科幻文学、为科幻事业的繁荣发展而举杯。

酒度Degree：15%vol

酒席，白酒的行为艺术

将进酒，千年筵饮杯莫停

对“民以食为天”的中国人而言，没有什么是一顿酒席解决不了的。

方圆一席之上，南稻北麦，东耕西牧，虾蟹在跳动，鸡鸭在游走，牛羊在低鸣，奶茶在勾调，酒香在缭绕；一菜一羹，凝结万千精华；一食一饮，繁生百般宴品；京粤川扬，五味俱齐；中西交融，百家争鸣。一场筵饮，就是一席活色生香的中国风物志。

婚丧嫁娶、乔迁寿诞、庙堂庆典，无酒不成宴；投壶酒令、划拳猜枚、掷骰玩棋，无酒不成欢；国宴捭阖、商略会谈、私宴家常，无酒不从容。筵饮是来来往往的众生行为，它关乎每个人的点滴生活。

筵饮，是一个行走的文化宝库。

远古时代，人们因筵饮团聚，得以分享食饮，交流思想。而今，我们仍常常与筵饮打交道。或家庭小聚，或商业会谈，都离不开筵饮上的饮啄之道。

筵饮，居庙堂之上，亦处江湖之内。北人当团，南人有聚。春夏会饮，秋冬宴谈。筵饮，承载文化而别有风趣，洗去悲欢而独留真情，雅俗共赏而不计差异。

筵饮，是一种最直观的感受，也是纷多行为的交互应和，更是一座活色生香的餐桌博物馆。在历史时空的集合中，它既记录物质，又传递文化，从而构成中华文明的重要横切面。作为文明悠扬韵律的载体，值得我们去细细聆听欣赏。

◎五代南唐 顾闳中 《韩熙载夜宴图》局部

筵饮一杯酒，说尽心中事

古代筵饮，有“飨”“燕”“宴”“食”等别称。《竹书纪年》记载，夏时“帝即位于夏邑，大飨诸侯于钧台”。《礼记·王制》亦有“凡养老，有虞氏以燕礼，夏后氏以飨礼，殷人以食礼，周人修而兼用之”之说。由此可见，筵饮在古代都是带有礼仪内容的宴饮形式，其历史非常悠久。

筵饮，也常常被称为“筵席”“宴饮”。筵席本是指两种卧具，《周礼·正义》里说，“筵铺陈于下，席在上，为人所坐籍”。筵铺在地上，席铺在筵上，人们坐卧在筵席上享用食物，因而“筵席”又与饮食建立了必然的联系。

西周的时候，人们已经以“筵饮”代指宴饮。譬如，《诗经·大雅·行苇》里面说：“或肆之筵，

或授之几。肆筵设席，授几有缉御。”先秦时期，作为餐饮特殊形式的筵饮完全形成，《礼记·乐记》为证：“铺筵席，陈尊俎，列笾豆，以升降为礼者，礼之末节也。”这时，筵饮、盛器、食物、礼仪四者就都结合在一起。

筵饮中的“饮”与燕飨颇具关联。燕飨，指以酒食祭神，泛指以酒食款待人。汉代董仲舒《春秋繁露·服制》里面说：“天子服有文章，不得以燕飨，以庙。”燕飨之礼的礼节，也有“一献之礼”（又称三爵之礼），都跟酒有关。可以说，筵饮一开始就与酒分不开。

中国筵饮一直都有“无酒不成席”的传统，无论主题怎么变换，酒在其中的突出地位，引导了筵饮的上菜程式，“菜跟酒走”被奉为筵饮制作的法则。

菜与酒的微妙关系也在历代相传。冷碟先上，意为劝酒；接着上热菜，是为佐酒；搭配甜食，可以解酒；最后上茶果，则是醒酒。席间若以饮酒吃菜为主，则菜肴的调味偏淡，且搭配一定比例的素食、汤品。至于饭点，则讲究少而精致，仅为“压酒”之用。

谈到筵饮文化，《诗经·小雅·鹿鸣》喜不自禁：“我有旨酒，嘉宾式燕以敖。”曹植赞不绝口：“归来宴平乐,美酒斗十千。”李白豪放痛饮：“烹羊宰牛且为乐，会须一饮三百杯。”杜甫抚掌而笑：“白日放歌须纵酒，青春作伴好还乡。”宋人从容自若：“遇诗朋酒侣，尊前吟缀。”酒文化与筵饮文化盘旋交织，同符合契，筵饮文化亦是酒文化的重要代表。

所以，中国筵饮其实就是酒席。今天，我们谈论中国筵饮，亦是谈论酒和它的精神。

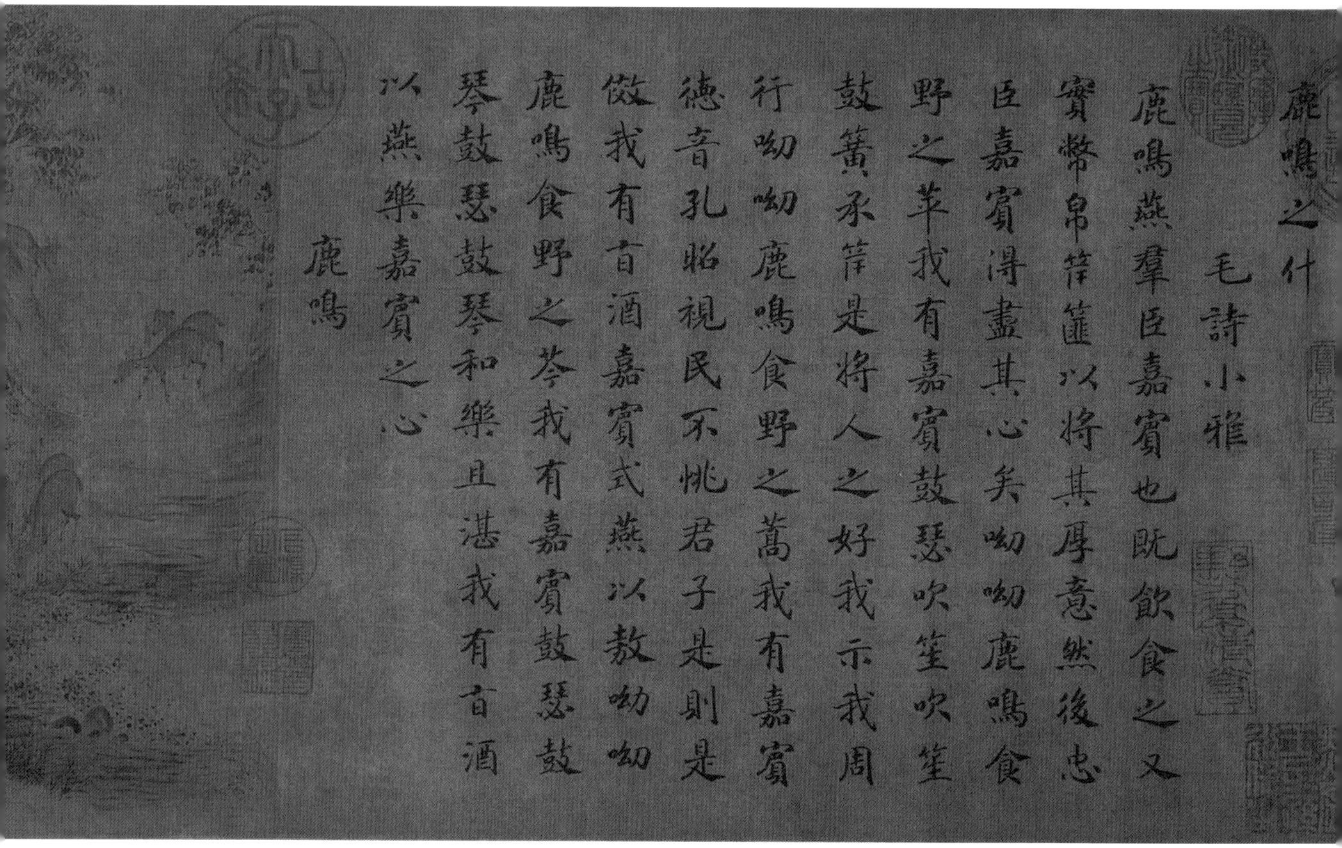

◎南宋 马和之《小雅鹿鸣之什图》局部

筵饮之道，文明之味

一部筵饮演变史，是文明发展史，也是酒香流传史。谈筵吃酒，即是品味文化。

文明初成，筵饮高蹈

萌芽——原始氏族公社

远古时代，人类告别原始蒙昧，走上了一条艰辛而璀璨的文明之路。

原始社会是人类社会发展的第一阶段，人类社会形态和文明在此阶段萌芽。在原始巫术祭祀活动中，人们将食物分配给部落成员食用，或在集体庆典后聚餐。这种有目的、有仪式的聚餐，便是筵饮的萌芽。当时的祭祀筵饮，高级的也只有牛、羊、豕三牲，就是大家熟悉的“太牢”。

这个时期筵饮主要是以“养老礼”为名目的饮宴活动。《礼记·王制》有载：“凡养老，有虞氏以燕礼，夏后氏以飨礼”。宋代陈澔《礼记集说》一书，如此解释有虞氏时代的“燕礼”：“燕礼者，一献之礼既毕，皆坐而饮酒，以至于醉。其牲用狗，其礼亦有二：一是燕同姓，二是燕异姓也。”可见，那时筵饮已有主有宾、有饮有食、有礼有节。

受生产力限制，当时的筵饮显得格外粗粝质朴。祭祖以后，人们就直接坐卧在地上，用树叶、茅草等护身，并围坐在一起，吃肉，饮酒，以求福泽延绵，长寿永生。

初步成形——商周时期

商周，是中国文化的雏形时期，同时也是酒席文化的雏形时期。此时的筵饮刚从祭祀仪式里剥离出来，带有很多“礼”的特点，正如《礼记·乐记》所言：“铺筵席，陈尊俎，列笾豆，以升降为礼者，礼之末节也。”受礼乐制度的影响，筵饮在这个时候也开始具有了道德教化的作用和成套的礼仪流程。

当时，筵饮主要是席地而坐，礼法规定大多是一人一席，偶尔也有多人一席，或蹲身，或围坐，依礼就餐。在仪器上也有规范，西周青铜器具发展已十分成熟，鼎是用来烹煮食物的，盉是用来调酒的，觚是用来喝酒的。依据礼法，西周发展出了一整套青铜酒具。

《礼记》中对筵饮的席位排列也有许多论述，不仅谈到席位的座次，也谈到了座位的上下，而且十分具体形象。例如《礼记·曲礼》：“奉席如桥衡，请席何乡，请衽何趾。席：南乡北乡，以西方为上；东乡西乡，以南方为上。”大意是说席位的尊卑要依据方向的变化而变化。

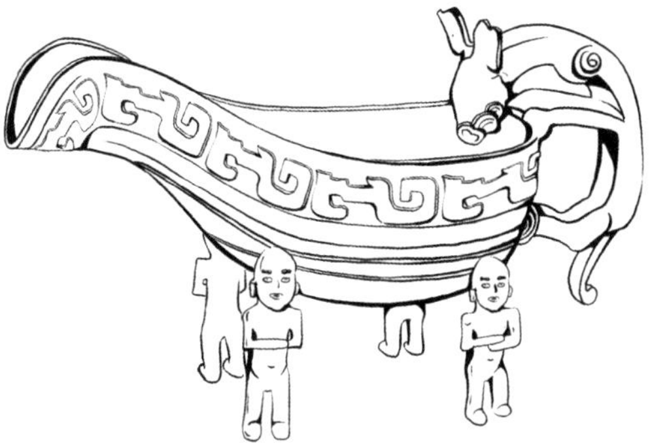

至于饮食规范，即使有名的“周代八珍”，一开始也不过六菜二饭而已。至春秋战国，随着周礼的崩坏，士大夫都搞起了“味列九鼎”，就拿楚王大宴来说，佳肴已增加到二十多种。

筵饮不只讲礼，还要谈乐。《诗经》也证明，此时的筵饮已经有宴乐的存在，并在西周开始制度化。此时已经兴起了投壶、行酒令的席间娱乐。此外，民间筵饮讲究“以饮为主，食为辅”“以酒为度”，酒在筵饮成形时扮演了重要的角色。

以乡饮酒礼为例，作为中国古代筵饮史上延续时间最长、流行范围最广的一种礼仪性饮宴活动，乡饮酒礼无疑最能体现中国筵饮的“礼”与“乐”。乡饮酒礼兴起于西周，持续到清末，有着严格的尊卑次序和礼仪程序，共有谋宾、戒宾、陈设、速宾、迎宾、拜至、献宾、乐宾、旅酬等20多项程序，且对每道程序都有详细规定。

酒是筵饮的核心内容，以敬酒之礼为例，礼法要求饮酒依礼，敬酒有序。当时主人敬酒曰“酬”，客回敬主人曰“酢”，酌而无酬酢曰“醮”。敬长赐贱都有礼规，这都是古代筵饮上敬酒饮酒的基本礼节。

周代八珍

即周八珍，是专供周天子享用的八种美食，分别为淳熬、淳母、炮豚、炮牂（zāng）、捣珍、渍、熬和肝膋（liáo）。

《周礼·天官·膳夫》载有“珍用八物”，《礼记·内则》对之做了详细阐释。其中，淳熬、淳母类似现在的猪油拌饭，分别是将肉酱、猪油熬熟，浇在稻米饭与黍米饭上。炮豚、炮牂类似现在的烤乳猪和烤羊羔，二者工艺相近，但都极其复杂，涉及烤、炸、炖等烹饪方式和十几道工序。捣珍是取牛、羊、鹿等食草动物的里脊肉，捣成肉茸，煎油而食。渍，即新鲜牛肉片经酒腌制一夜，辅以调料食用。熬，即烘制的肉脯。肝膋，则是用狗网油包裹狗肝烘烤制成。

周八珍复杂精良的烹饪工艺和对五味调和的细致掌握，说明夏商以降，中原的烹饪技术与宴饮文化已相当成熟。

定形——秦汉

秦汉，是中国社会转型时期，也是文化整合时期，第一次的文化大统一使秦汉具有“闳放”“雄大”的风貌。这个时期决定了中国文化基本格局，也决定了中国酒席的基本格局。

筵饮首先的变化是人们开始坐在凳子上谈乐。在山东诸城出土的东汉墓画像图中发现的四足方案，证明汉朝已经有案出现，这是筵饮形式的一个进步。

此时的筵饮已颇具规模，从色、香、味、形、器等质量特征看，制作水平已达到相当水准。“当其宴享群臣之时，则庭实千品，旨酒万钟，列金罍，班玉觞，御以嘉珍，飨以太牢，管弦钟鼓，异音齐鸣，九功八佾，同时并舞”，可见当时的宫廷筵饮陈设华美，规模空前。而汉代的宴乐，也开始由“艺”转向“技”。

在理性精神下，此时的筵饮开始突破礼仪制度，更加生活化。除了宫廷礼筵、便筵，更有五花八门的社交筵、家庭筵。

秦汉筵饮的代表是正旦朝贺。“正旦朝贺，百僚毕会”是汉代官场的惯例，曹植《元会》记载“初岁元祚，吉日惟良，乃为嘉会，宴此高堂”，从皇室宗亲、中央朝臣，到地方官吏、外国来使，都要在礼法规定的场所宴饮庆贺。

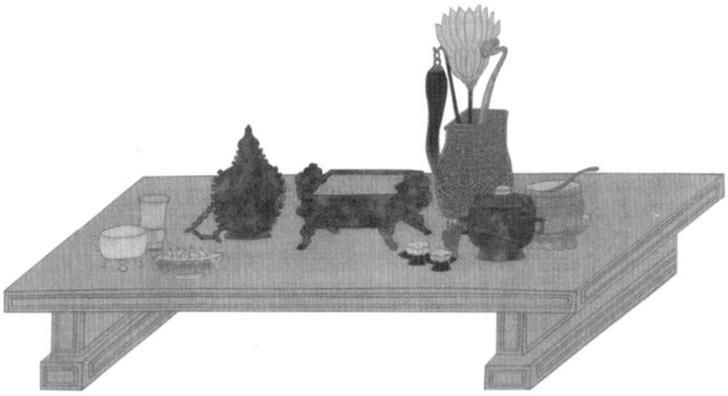

文明的巅峰，筵饮的凤歌

高峰——唐宋

唐宋，是古代中华文明的顶峰时代，中国筵饮也迎来了它的巅峰。

唐宋时期，筵饮有了新的格局与变化。“高坐高席、桌椅配套”的进餐形式开始形成，“筵”与“席”已失去原有的卧具意义。同时，餐室装璜、餐桌布局、台面装饰和餐具组合更加多样。

高峰时期的筵饮，规模较之前空前发展。唐中宗时期，官拜尚书令的韦巨源宴请唐皇，主要菜品就有58道。南宋的张俊，为接驾宋高宗，更是创造了一天摆宴250种菜点的记录。

此时筵饮的主题分类更加明确，社交筵开始流行，有因“时”节而设立的时令筵饮，如“争春筵”“避暑筵”“赏秋筵’；有因“地”举行的社交筵，如“金谷筵”；有因“物”设置的筵饮，如为香菌设置的“凌虚筵”，为荔枝设置的“红云筵”等等。

唐宋时期的宴乐开始引进异域艺术精华，如《秦王破阵乐》。增加杂剧（滑稽表演、歌舞、杂技）以助兴，成为唐人的特色。唐代酒器有如百花争艳，制作更显精巧，标志着我国酒器发展已臻至成熟，当时主要的饮酒器是杯和觞。以宋代开始，酒杯的制作更加奇巧。

唐宋时期的筵饮代表主要有二，一是烧尾宴，二是曲江宴。

烧尾宴是唐时士人登第或升迁的喜庆宴席，据《旧唐书·苏瑰传》载：“公卿大臣初拜官者，例许献食（注：官初拜为大臣，照例向皇帝献食，以谢皇恩），名曰‘烧尾’。”故有烧尾宴之称。

曲江宴又称“关宴”“杏园宴”，该宴由唐朝的最高统治者所承办，或庆贺祝捷，或游览名胜，或文人聚会，或百官赏春。曲江宴有两个特点，一是宴中必备樱桃，故而此宴又名“樱桃宴”；二是宴必吟诗，文人雅士们借酒寄怀，自成风情。这种筵饮文化不但助推了中国古代诗歌艺术的发展，也给后人留下了一笔宝贵的文化遗产。

◎唐 佚名《宫乐图》

◎明 仇英《汉宫春晓图》局部

一场突围，一席筵饮

百转突围——明清

谈明清前，先得谈一下元代。元代筵饮上承唐宋，下启明清，最突出之处是融合北方少数民族的饮食文化。同时，蒸馏技术传入中原，蒸馏酒开始进入寻常百姓家，清代檀萃的《滇海虞衡志》载："盖烧酒名酒露，元初传入中国，中国人无处不饮乎烧酒。"

明清时期，文明发展出现瓶颈，不得不选择突围的方向。有人复古，有人从心，有人弃礼，纷纷攘攘，颇有些百家争鸣的气象。时代文化面临着大变动，也蕴含了充裕的生机，各种类型的筵饮如雨后春笋般出现。

此时的筵饮不仅有大、中、小之分，座次安排、行酒次序、宴席和宴食再度发展且有了固定的格局。

先说座椅的变化。在清朝前期，筵饮就开始流行圆桌圆椅，如《红楼梦》第七十五回，贾母举行中秋赏月宴，桌椅都是圆的，"特取团圆之意"。

彼时饮食就更加丰富了。据明人宋诩记录，弘治年间的烹调原料已达1300余种，中国现存的1000多种历史名菜，大都诞生于此时。各式全席，如全龙席、全凤席、全羊席、全鱼席等脱颖而出，别具特色，其中尤以满汉燕翅烧烤全席格调最高、席面最奢华。

此时的餐具仍以瓷器为主，辅以金、银、玉器，注重成龙配套。此时的筵饮娱乐如酒令、宴乐等，更加兴盛与讲究，明朝宫廷一日三餐，餐餐用宴乐，清朝的宫廷筵饮已是奢侈到靡费的程度。

明清筵饮的代表是满汉全席。它以礼仪隆重正规、用料名贵考究、菜点品类繁多而著称，发源于清朝的宫廷筵饮，后流入民间，成为统治阶级在重大喜庆活动中的时尚筵饮。

从《扬州画舫录》中的全席菜单来看，菜点品

◎清 孙温《红楼梦》局部

类少则72款，多则200余款，以108款最常见，天上飞的，地上跑的，水里游的，应有尽有。食肴分五个等次，每份搭配合理，先后有序。从第一份至第五份，器皿与菜肴相配由大到小，碗、盘、碟依次而上，完全符合人们的饮食需求层次。其菜点编排的顺序也极其考究，即海鲜—古八珍—时鲜—满菜—酒菜—小菜—果品。

但请君细想，谁又能吃得完几十道、几百道菜呢？那如此铺陈，岂不浪费？从物质上来看，的确过于豪华。但如果从文明上来看，其实每一道菜都是一种文化的代表，必须把它们全部陈列出来，文明发展本是如此，知过去，方能明未来。

文化烂漫——民国

民国时期，文化烂漫，蔚为大观。自由不羁，洒脱旷达，是时代本色。这个时期的筵饮，更多转换为流动的筵席。

彼时的筵饮最适应民间口味，也更留意吸收民间美食。比较有代表性的是“八大碗”，即以碗盛，每桌坐上8个人，上8道菜，用清一色的大海碗。

而来去如风、随意攀谈的流水席简直就是当时文化的显性代表，其共有24道菜，冷菜8道、热菜16道。冷菜作为下酒菜，优先上席；热菜中有4道压桌菜，剩余的轮组上席，每组3道菜。流水席荤素皆有，“冷”“热”俱齐，汤水搭配，酸辣清口，虽有高低档次之分，但绝无拒人之心，来者为客，皆可饮酒食肉，随来随走，无甚要求。

筵饮之道源自人的聚散，来往之间，离开的是身影，留下的是文化。那里面有古人的浪漫，也有现代的理性；有礼乐习俗，也有随性自然；它可以繁华到顶峰，也可以素朴到尘埃。纵观几千年的筵饮史，我们看到的是文明的演进，人生的起伏，酒香的飘扬。

出入筵饮，参悟世事

中国人在筵饮中辗转千年，收获的是传统文化的实践创新、生命价值的深刻启示和人与世界间关系的沉心思辨。它能帮助我们汲取过往文化的精华，获得存在的多种力量。

假如你心怀天下、有志出世，便归入筵饮的人间烟火中，在把酒言欢、契阔谈宴间，感受平淡之中的真味。

假如你欲参大道、归隐入世，便逸往筵饮的山水之间，为仁为智，道法自然，醉入天地之中。

筵饮文化是饮食品鉴，更是一种人生态度。酒文化是物质感受，更是一种生命可能。或许，这便是中华民族优秀传统文化经久不衰的独特魅力，在一次次文化的远行与回归间，探索传统文化创新表达的更多可能性。酒已备好，沉醉此间，不妨一同踏入筵饮之道的双面实践。

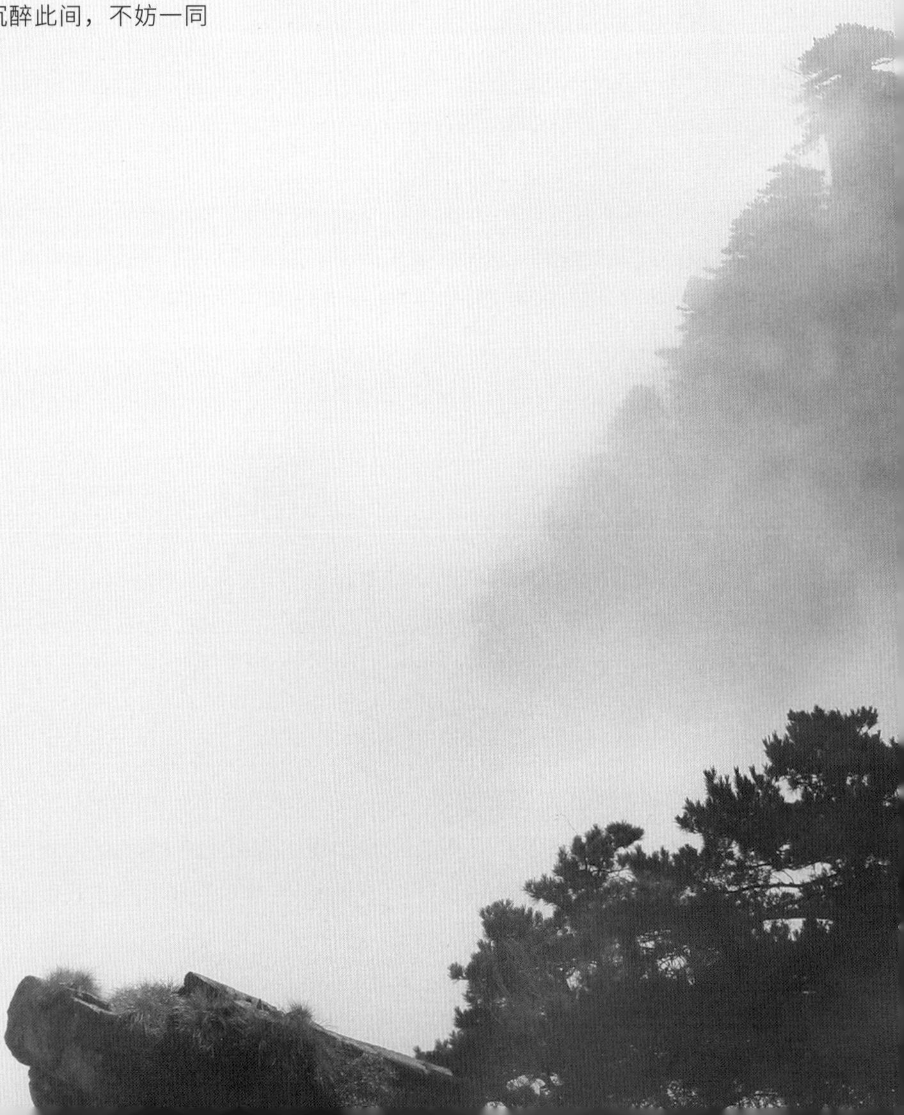

烟火人间一席酒

欲知世间百味，必先尝尽一席酒。
筵饮之中，饮的是看透世间本质却依旧保持热爱的真性情，藏着与寰宇人间和谐共处的密码。
理解了一席酒，也就可以学会在酒酣耳热后依然以平常心看待觥筹交错的繁华与酒尽人散后的落寞，常获精神的平静。

宋人之《文会图》便是人间筵席文化的生动写照。
古柳依依、雅竹相伴，曲池横卧的天地间，雅士们围坐品饮，谈论风生。上方琴囊已解。
琴声刚落，鲜果香茶、美酒佳酿阵阵飘香，点滴生活与追问神思就这般悄无声息地贯通一体了。

从这幅图可以看出，宋人从征服浩渺的天地转向对自身灵韵的思考，并将之融入到筵饮中，为筵饮文化注入了一种旷达超然、深沉内潜的思想折光，增添了新的美学精神。

它使得筵饮既包含了热闹非凡的活泼生气，又蕴藏着恬淡脱俗的冷慧深思。
两者调和碰撞而成的独特人间烟火，使得那一席酒承载起“横渠四句”（为天地立心，为生民立命，为往圣继绝学，为万世开太平）的文人志趣。它让一席酒既有下里巴人的亲切，又不失阳春白雪的浪漫，成为众人入世载道的物质代表。

泸州老窖品鉴师团队以《文会图》为蓝本，
仿图会饮，通过对古典精神的实践，
体验中国古代品饮真趣。

这种品饮行为艺术连接古今，
打通了品饮文化脉络，它既是酒席的极致感官体验，
又是人生的参悟典礼，也是对古典筵饮精神的致敬。
这一番致敬，让我们明白，人世间的一席酒，
就是人人皆可为之的精神品质——
超然雅致，亦热爱生活。

在人间筵饮的代代传递中，它已化作中国人
如酒一般热烈纯粹的底蕴本色，
飞舞于你我的文化血脉中。

致敬怎能无好酒？泸州老窖愿以这款中式
特调酒，致敬百礼之会，致敬人间烟火，
致敬筵饮文化。

酒食

酒盏

酒盏常常成套出现，分为盏和盏托两部分。闲置不用时，酒盏可倒扣在盏托上面，用以防尘。作为托物的特别器皿，盏托不仅可以防止烫伤，其颇具情韵的设计，还展示着古人精致而充满仪式感的生活。酒盏和茶盏，各有区别，凡是中间台子是平的或者高起的，那便是酒托；而中间台子凹陷下去的是茶托。还有一种放置酒盏的盘盏。它实际上就是酒杯的托盘，这种托盘通常会用一些装饰物来固定酒杯的位置。这一盏一托一盘，无一不体现出古人生活的巧思匠心和雅致浪漫。

酒食规则

正所谓，『食不厌精，脍不厌细』，宋人依据名医孙思邈的建议，『食当熟嚼，使米脂入腹，勿使酒脂入肠。人之当食，须去烦恼，如食五味必不得暴嗔，多令人神惊，夜梦飞扬……食毕当漱口数过，令牙齿不败，口香』，从而真正做到了『失饪不食，不时不食』的健康饮食。

酒器

流觞传花

流觞，即曲水流觞。传花，是指击鼓传花。二者都是宋代最为流行的饮酒娱乐活动，颇受文人墨客喜爱。曲水流觞，在流水上游放一只酒杯，酒杯漂流至谁的面前，谁就要取酒吟诗。

温酒器

宋代酒多为发酵酒，温热后饮用，酒度更高，口感更佳，同时还能起到养生保健的作用。当时温酒主要有两种方式，一是将盛酒器直接放在火上加热；另一种则是用温碗、执壶加热，先在温碗内加入热水，再将盛酒的执壶放入温碗之中加热。宋人使用成套温酒器温酒的习俗，蔚然成风。

投壶

投壶是我国古老的宴饮游戏，在士人之间十分流行。投壶时要求投者站在一定的距离外，将一支支矢投入特制的箭壶中，以投中数量的多寡决定胜负，负者则罚饮酒。

九射格

九射格是宋代欧阳修发明的一种新式酒令，相对投壶而言，要稍微复杂一点。欧阳修在《九射格》一文中写道：『九射之格，其物九，为一大侯，而寓以八侯……而物各有筹，射中其物，则视筹所大而饮之。』即通过射九格来奖励和惩罚参加游戏者。欧阳修将射箭同酒令结合，使九射格成为一种娱乐活动，这在当时颇为流行。

《文会图》中的趣味酒事

筵饮礼仪

宋人筵饮讲究『酒过三巡，菜过五味』。首先由主人举杯说祝酒词，客人起立，按地位尊卑依次喝下酒，此为『一巡』。筵饮的音乐也有礼法讲究，音乐未停，主客双方就要一直端着酒杯，以遵循宴饮的仪式感。

◎北宋赵佶《文会图》

一期一会山水间

伫立中国文化的时间长河，

酒，是中国人内修外达的沟通媒介。

幕天席地，悠然而酌。

当我们按下喧嚣尘世的暂停键，

一杯酒，如同一次神游的际遇，

引领我们隐逸于一期一会的山水之间。

隐者与饮者，相忘于品酒观画的山水之乐。

山水之乐，得之心，而寓之酒。

饮一杯酒，如观一幅画，游一座园，藏山水于胸壑，觅逍遥于天地。

“行到水穷处，坐看云起时”，并不单单是行走于自然的闲适自得，也有可能是杯酒徜徉的品醉惬意。

桃源引

〔酒席解读〕

醉漾轻舟，信流引到花深处。
行歌纵饮，不知秦汉，无论魏晋。
或身处江湖，或位居庙堂，
在中国文人心中，总有一方桃源，
远离尘嚣，宁静绚烂。
当陶渊明《桃花源记》问世后，
世人心中的净土便有了共同的安放之处。
青铜爵的古朴，在桃枝的衬托下，
诉说秦汉的逸世恬然。在这轻柔的春时节，
品着浓香酒韵，品味『人间随处有桃源』。

風入松

松风回梦忘樵径，烂柯归来爱酒香。

一琴《松风》，万壑归寂；松涛浩荡，风采清越。

是人籁，拟或天籁？是物之语，拟或心之声？

唯爱松之刚劲，勿失初性；偏喜风之清逸，涤荡身心。

添一壶浓香，静听，古之雅乐正声……

松风有着高逸、劲健的美感，历来深受中国文人的普遍喜爱。

相传晋代嵇康创古琴曲《风入松》，五代画家巨然、宋代画家李唐、明代画家文伯仁等，皆创作有《万壑松风图》。

以声正心，此刻，抛却世间浮华，斟一杯浓香，品品『松风远自云中起，摇荡云光山色里』的意趣。

〔酒席解读〕

泉中月

寒泉皎皎浸明月，明月泠泠醉寒泉。

饮一盏酒，清流空灵；守一轮月，不染纤尘。

月映天下的旷达，可望而不可即的理想坚守……

『泉』『月』都是国学中常见的文学意象，不同的语境，其传达的意象也各不尽同。

当两种意象巧妙地结合在一起，给人一种平静、幽谧、孤独、深远的审美感受。『三爵已余酣，清心写泉月』，泉月带来的意境之美，在酒香的萦绕中，让时光滞留，清净雅远。

冬雪初霁，醉韵调琴，围炉温酒，沐醉而歌。白茫茫一片，晴光初现，慢酌天地间大美无言的玉壶冰心。千山万径，踪迹俱灭，闻有暗香，踏雪寻梅处，遭遇生活的小确幸。『霁雪』不同于『雪』常规的审美意象，没有『独钓寒江雪』的孤寂，没有『风一更，雪一更，聒碎乡心梦不成』的思念，没有『北国风光，千里冰封，万里雪飘』的豪情……而是在苍茫、旷达之中，暗藏一份小惊喜，如同人与酒、你与我的山水相逢。

雪初霁

早在两千年前，中国文人的“山水精神”便已开始觉醒。“道法自然”“天地有大美而不言”，老庄以山水之思喻道；“智者乐水，仁者乐山”，孔子以山水之美比德。而后，竹林饮酒，曲水流觞，寄情于山水之间，藏山水于性灵之中。中国文人在儒道互补的人生旅途中，觅得山水自由的理想国，绘成在世界美术领域独树一帜、自成一派的中国山水画。

不同于西方风景画的“写实”，中国山水画讲究“写意”，以简练、朴实的线条与笔墨，灌注纯真的生气与真挚的情感——此时，见山是山，见山亦非山；见水是水，见水亦非水。

“外师造化，中得心源”，中国文人笔下的山水，不是刻板、单纯的山水临摹，而是自然风光与内心感悟的物道合一。强调以“虚实互补”“以白当黑”“以少胜多”的气韵生动，勾勒“意在笔先，神在言外”的高韵深情。

如果说山水画是画者对自然（风景）的提炼，寄寓文人的情思，那么酒则是酿造者对自然（水、粮）的提纯、升华，凝聚着匠人的匠心。

古人观画，右手卷，左手放，讲究“步移景移”，如同亲身游历于画中山水。山水画，已超脱于本身的物质属性，成为中国人寄情山水、映照内在修养的精神雅玩。酒，亦如此。一观，二闻，三触，四品，五听，六悟，优雅而有节奏的品饮仪式，沉淀悠久的中国传统文化，浸润饮者各自的人生感悟，令饮者陶醉于刹那间皈依山水、放逐自我的自由无拘。

当我们展开一幅手卷，笔墨方寸间，“万物与我合一”，观者已隐逸于理想的山水之间。

如同我们举起一杯浓香，“天地与我并生”，饮者超然物外，山水精神已氤氲其中。

之思

中国白酒品鉴知识集录

一个白酒品鉴师的随记

这一篇章的篇名，叫“之思”。

思什么呢？

思考白酒的过去，

尝试换种角度解读中国酒文化。

思考白酒的当下，

从文明的探讨中反思

白酒的闪光与现状。

思考白酒的未来，

以白酒品鉴为视角，

探寻白酒传承发展之路。

身为白酒品鉴师，

关于酒的思考，

如酒香沾衣，念念难忘。

曾娜

首届中国评酒大师

国家级非物质文化遗产“泸州老窖酒传统酿制技艺”第二十三代传承人

念念不忘，必有回响

对我而言，念念不忘者，是记忆最初的酒香。即便如今一个人静心品酌时，它偶尔也会悄悄跑出来，变成杳杳思绪，或是设计酒体的灵思，或是讲好中国白酒故事的引子。常思而慎行，定有回响。

慢慢来，时间自有安排

传人？酿造者？品鉴师？

人生总会面临很多抉择，每个人都希望把生活过成自己想要的样子，但有时候，时间在一开始就已经做了最好的安排。也许每个人生来就负有一种使命，命运早就为你做好了标记。尽管万千人都在路上不断地寻找，但其实目标的出现永远不会早一步，也不会晚一步，它只会出现在该出现的那一刻，那一个地方，所以每当“蓦然回首时”，人们总会感慨。这一点，就好像“酿造”，不管是“酿酒的人”还是“被酿的酒”，都是自然与人生的风云际会中，充满偶然的必然。偶然地，酿出了不可复制的美酒；偶然地，造就了24代人恪守践行的传奇；偶然地，成为了24代传人中的一份子……古人云：“朝闻道，夕死可矣。”在每一滴酒化气而行、蒸馏升华的瞬间，那些酿造者，应该都领悟了道的奥义，所以才会默默坚守一生吧。是的，慢慢来，时间自有安排，690余年的岁月不会辜负每一颗真心。

最陌生，最熟悉

贾宝玉一句“这个妹妹，我曾见过的”之所以使那么多人有感触，是因为每个人都会有这种似曾相识的感觉。这个人本是第一次见，这件事本是第一次做，恍惚间，却有与它们一见如故的感觉。于酿酒中，我常有这种触动。酒的感官品味、量的计算、时的预判，不仅仅在于经验，还在于对陌生尝试的熟悉感受。冥冥之中，有人低语，就在此刻。言出行随，果真能出新出奇。这大概是潜意识赠给人的神思宝藏，酿造深受其泽。

做一个舌尖上的舞者

酒的艺术，不止于酿造。对我来说，调酒就是舌尖的舞蹈，节奏、韵律、形式感都要求敏锐把握、精巧拿捏，并且能设计成让人接受和辨识、能产生联想共情的感官符号。大家能轻易辨别出糖水和盐水的差别，却很难辨别水与水的差别。

调酒师的舌头和常人的区别在于，我们必须要捕捉那些万分之一的差别。洞藏了十年的基酒能带来成百上千的组合，需要我们去充分体会那些细微的味道，去发掘每一种酒不同的个性，以浑然天成的勾调艺术，缔造世界独一无二的酒中珍品，把酒的真实味道和品质还原给消费者。希望当你端起我调的酒，能感受到那代表中国品味的山川、风月，能感受到无法复制的浓香在舌尖上次第绽放，那是天地自然间最美妙的舞蹈。

山水有相逢

有些相逢是命中注定。就好像长江拐过几道弯，遇见沱江；就好像来自北冰洋、西伯利亚的冷空气与来自太平洋、印度洋的暖湿气流，也不远万里，在这交汇处不期而遇。就好像，公元1573年的长江码头上，舒承宗与郭怀玉，注定会跨越时空相遇。当然，我们注定要与泸州老窖相遇，续写未尽的传承。山水有相逢，来日皆可期！就好像，一杯白酒的使命，本身就是成就人生中一段又一段相逢……

白酒风味轮

中国食品发酵工业研究院牵头推出的一款可视化白酒风味评判工具，

从酒的香气、口味、口感三个基本面出发，辐射出若干指标。

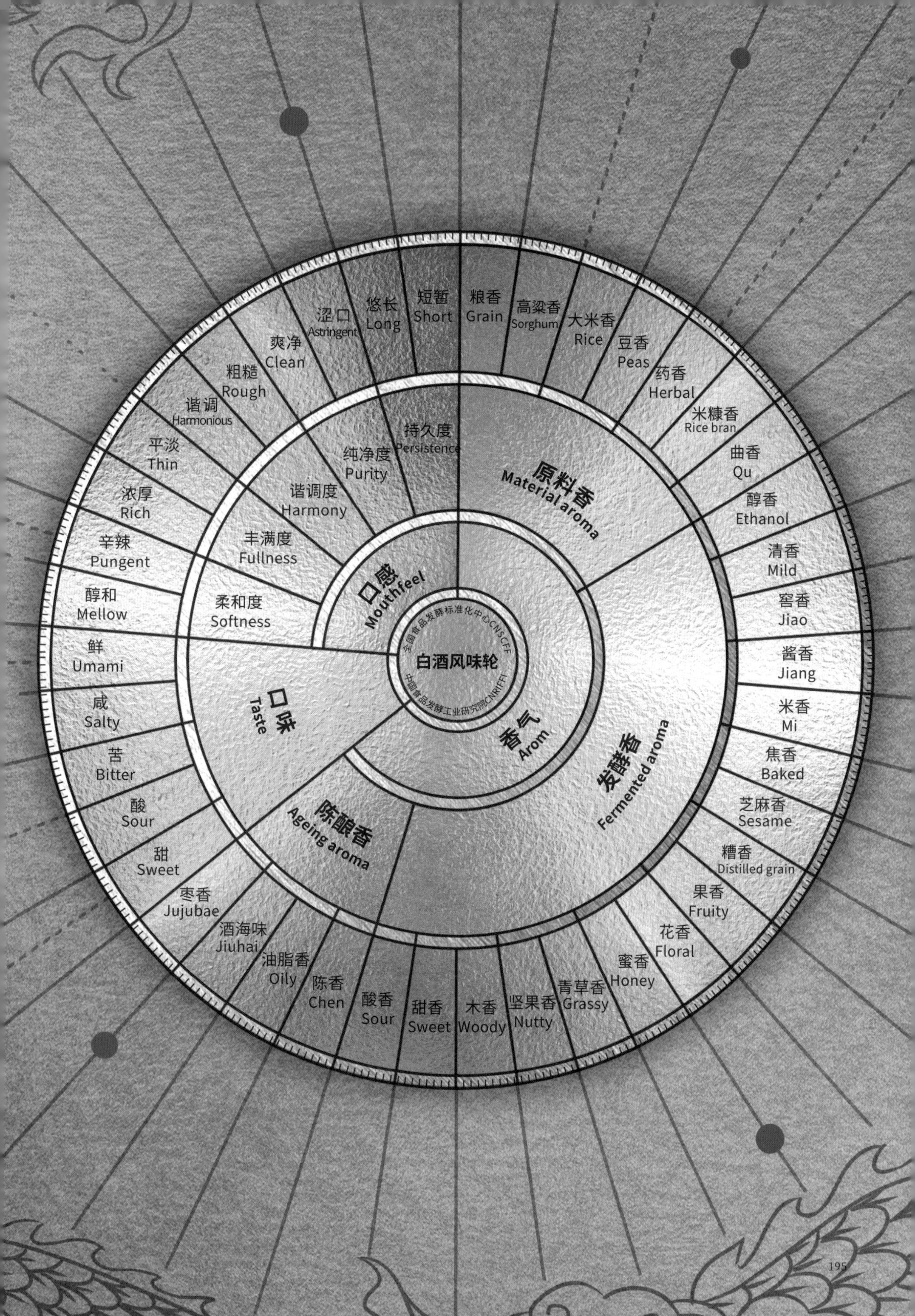
白酒风味轮
全国食品发酵标准化中心CNSCFF
中国食品发酵工业研究院CNRIFFI
口感
Mouthfeel
香气
Arom
口味
Taste
原料香
Material aroma
发酵香
Fermented aroma
陈酿香
Ageing aroma
持久度
Persistence
纯净度
Purity
谐调度
Harmony
丰满度
Fullness
柔和度
Softness
悠长
Long
短暂
Short
涩口
Astringent
爽净
Clean
粗糙
Rough
谐调
Harmonious
平淡
Thin
浓厚
Rich
辛辣
Pungent
醇和
Mellow
鲜
Umami
咸
Salty
苦
Bitter
酸
Sour
甜
Sweet
粮香
Grain
高粱香
Sorghum
大米香
Rice
豆香
Peas
药香
Herbal
米糠香
Rice bran
曲香
Qu
醇香
Ethanol
清香
Mild
窖香
Jiao
酱香
Jiang
米香
Mi
焦香
Baked
芝麻香
Sesame
糟香
Distilled grain
果香
Fruity
花香
Floral
蜜香
Honey
青草香
Grassy
坚果香
Nutty
木香
Woody
甜香
Sweet
酸香
Sour
陈香
Chen
油脂香
Oily
酒海味
Jiuhai
枣香
Jujubae

中国白酒品鉴术语

酒体

酒液停留在舌头上的“重量”。由舌头中间偏后的部位来进行感知，而非酒液实际的物理重量。酒里的酒精浓度、单宁含量、残糖量、甘油含量、酸度的高低等，均会影响酒体。

香型

白酒分类评判标准，主要根据不同的酿制工艺、不同的制曲工艺、白酒中不同的风味特征物质对感官的影响来判定。其正式确立始于1979年全国名优白酒协作会议及第三届全国评酒会，目前已发展成为12种香型：浓香型、酱香型、清香型、米香型、凤香型、芝麻香型、兼香型、药香型、豉香型、特香型、老白干香型、馥郁香型。其中，浓香型、酱香型、清香型、米香型为中国白酒四大基础香型。

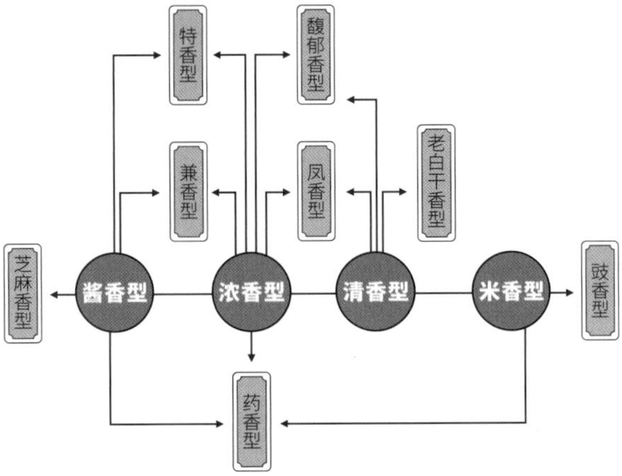

原酒

粮食经过蒸煮发酵后取出的未经过任何勾兑的白酒，其酒精度数通常在60%vol以上。

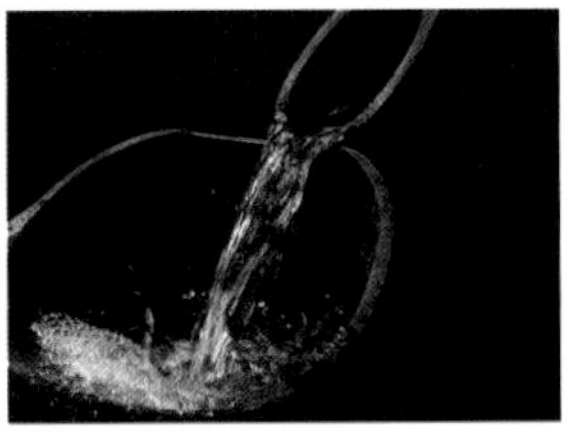

基酒

同鸡尾酒术语相似，指成品白酒中比例最高、占主导地位的原酒。

勾调

俗称勾兑，白酒酿造必不可少的工艺。通过不同原酒的组合和调味，平衡酒体，统一标准，完善酒质。

空杯留香

纯粮好酒的评判标准之一。装过酒的杯子，在饮完或者倒出后，酒的香气依旧在杯子里保留很长时间。

挂杯

鉴别好酒的标准之一。轻轻转动酒杯，让酒液悬挂到杯壁，像丝绸般缓缓而落，这种现象叫作挂杯。好酒一定会挂杯，但挂杯不一定是好酒。

窖龄酒

根据酿造窖池持续使用时间来划分的新概念白酒。对于浓香型、酱香型等窖池依赖性高的白酒，窖龄30年以上的窖池才能称之为老窖。

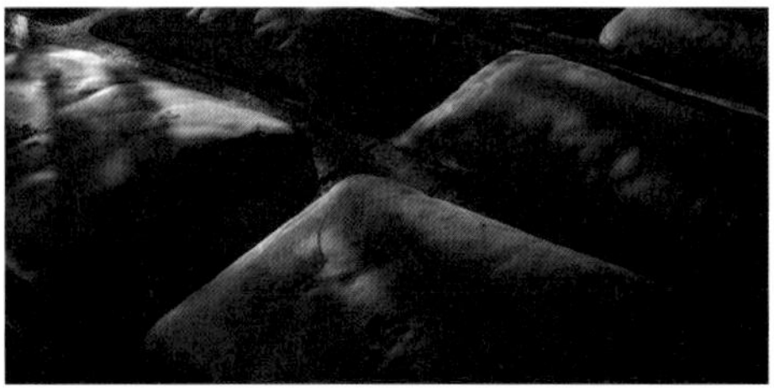

评酒杯

白酒品评、品鉴用杯，呈郁金香形，要求腹大口小，杯口圆润，杯身通透。

五感品鉴

泸州老窖·国窖1573品鉴艺术，指观、闻、触、品、听五种感官品鉴。

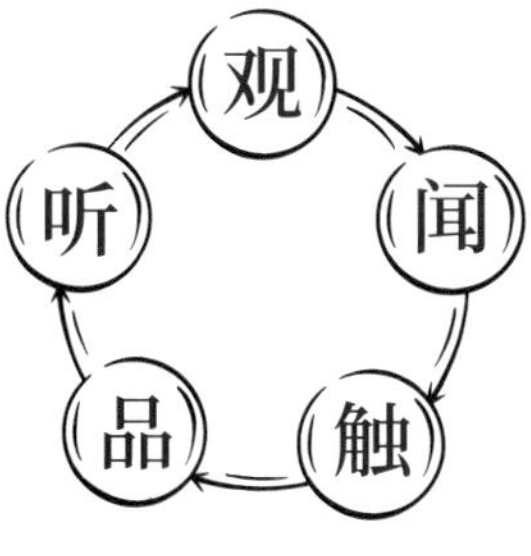

十大白酒品鉴词汇

绵 口感绵柔、厚实

甜 饮后回甘，来自原粮的味道

净 无异杂味

香 各香型白酒放香典型、纯正

浓 酒香浓郁，香味厚重

爽 饮酒爽快，无涩感

厚 酒味厚重，不上头

纯 纯粮酿造，酒质纯正

醇和 入口均匀

正 正宗，白酒口感符合品饮者心理需求

如何收藏白酒

◎酒类收藏的原则

明确收藏目的

为什么要收藏老酒？是为了修身养性、升值投资、玩耍爱好，还是以收藏为事业？只有明确了自己的收藏目的，才有收藏方向，才能更好地安排计划、调动资金、选择藏品、设定储仓、付诸行动。

制定收藏计划

收藏计划的制定要有系统性，需要综合考虑资金能力、存储地点、藏品来源、藏品价格、收藏的阶段性目标等内容，按部实施。

要量力而行

藏品档次的选择，取决于你的经济基础。老酒分高中低三档，高档老酒与低档老酒的价格天差地别。因此，收藏时应根据自己的财力，设计自己的收藏档次。

要循序渐进

如果你刚开始收藏老酒，建议你从风险较小的中低档品种入手，由少到多，由小到大，循序渐进，持续发展。等取得经验后，再向高深发展。

要“以酒养酒”

酒类收藏，本就是耗费财力的事，最好的办法，就是学会“以酒养酒”。在购买藏品时，除留足收藏的部分外，再多购一部分作为收藏投资。等过段时间价格上涨时，再卖出富余的藏品，用所得资金购买自己中意的藏品。如此“买一带二”，逐渐实现滚雪球似的发展，继而完善自己的收藏。

◎如何选择储藏地点

适当通风

完全不通风，易导致藏品包装发霉变坏；当然，全开放式暴露空间，也不利于藏品保存。

适度干燥

建议储藏室相对湿度控制在60%~70%，过湿易返潮霉变，太干会加速酒液挥发。防潮方面，注意做好地面防水措施，并建议以酒架存放；夏季湿气过重，要定期翻动酒箱，便于散潮。

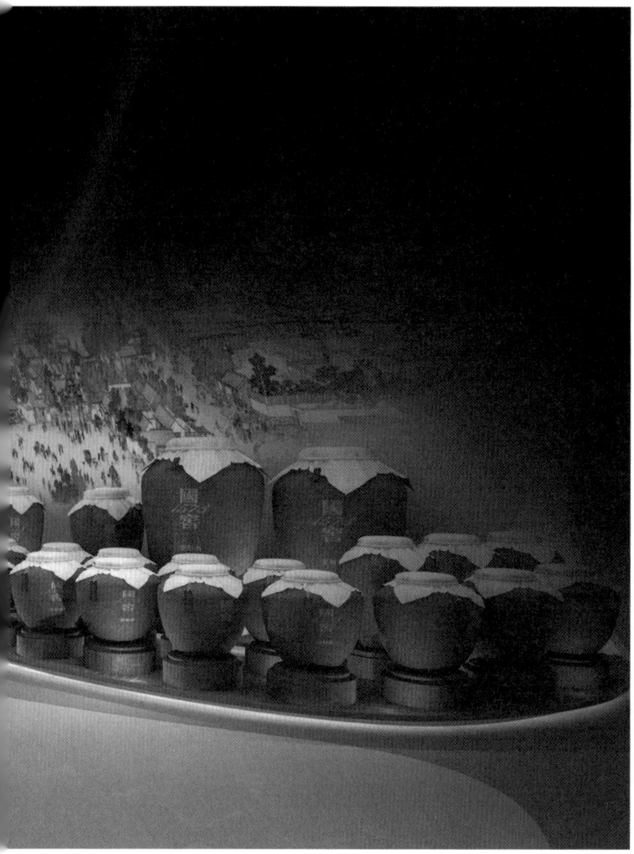

适当避光

以肉眼能看见物品为原则，忌阳光直射、强光返照和完全黑暗。光线太强，易导致酒标褪色发黄；光线太暗，可能会影响酒体的酵合作用。

温度适当

以5°C~25°C的室温最佳。温度过低，不利于酒液中的微生物生存繁殖；而温度过高，则会加剧酒液挥发。

因地制宜

一般老酒收藏以个人爱好者居多，少有条件能建立专业的恒温恒湿储藏室。因此，大多数收藏者还是要根据自身条件，因地制宜地做好收藏。特别要注意的是，藏品入库前要仔细甄别处理，主要观察酒液瓶面高低和嗅闻有无跑酒。
若酒品存在跑酒或嗅闻有气味的情况，应做如下处理：

①材料准备

白色生料带、透明胶带、保鲜膜、保鲜袋、橡皮筋、剪刀等。

②塑盖塑膜的处理

a.先用生料带在瓶盖、瓶体接口部位缠绕4至5圈。
b.再用1厘米左右宽的透明胶带在生料带上缠紧，注意一边拉伸一边缠绕，且不要缠到封膜上面。
c.接着用双层保鲜膜套住瓶盖至瓶嘴，用橡皮筋缠绕紧。橡皮筋下端保鲜膜仅留1厘米左右，多余部分剪去。
d.最后用透明胶带将保鲜膜剪口末端与瓶体表面一起缠紧粘住。剪断透明胶带时，留1厘米左右胶带向内对折粘住，以方便下次拆卸。

③铝盖的处理

a.铝盖出厂一段时间后，铝盖与瓶口容易出现空隙。因此，处理时需要先将瓶盖拧紧。
b.再将生料带搓成细绳，在铝盖下端封口处缠绕3至4圈。
c.接着将生料带在铝盖下端，连同扭断切口、下端封口缠生料带细绳，一并缠绕4至5圈。
d.最后用透明胶带在生料带上缠紧（边拉伸边缠紧）。同样，剪断透明胶带时，要留1厘米左右胶带向内对折粘住，以方便下次拆卸。

④带飘带的瓶口处理

a.连飘带一同密封，把飘带缠在瓶盖上，用橡皮筋扎住，然后步骤同“塑盖塑膜处理”。
b.连酒瓶整体密封，用双层保鲜袋将瓶身全部罩住，扎紧、封住袋口。因存放一段时间后，保鲜袋内充满挥发的酒气，易浸湿商标而发生霉变，需要定期查看、风晾，故不推荐这种密封方法。

◎如何管理藏品

藏品具备一定的规模以后，要对藏品进行规范化管理。

登记造册

登记造册是藏品规范化管理的必要措施，内容包括品名、数量、出产年份、特征、存放地点、变更事项等。

藏品装箱

藏品应按照年份长短或体积大小分类、分别装箱。箱子的材质建议采用纸质或木质，其中纸箱的吸潮性更好。

存放位置编号

储藏室应按区域、单元、箱盒逐一编号待用，让每件藏品“物有所归”。

藏品进出记账

藏品的增加与调出，都要及时记录，避免遗失、混乱。

存放地要经常整理

要确保存放地干净卫生、整洁有序，并定期翻动箱盒，经常通风换气，为藏品提供优质的存储环境。

◎如何认识瓶贮年份酒

国窖1573经典装瓶储年份酒是指根据生产批次，包装生产后储存时间达5年以上的成品酒。要特别强调的是，国窖1573包装生产前基酒已在天然洞库中以陶罐贮存5年以上，也就是说每一瓶国窖1573瓶储年份酒均至少历经了十年以上的岁月。“三分酿造，七分收藏”“酒是陈的香”，陈年老酒是时间熬出来的精华。这是因为酒在历经长时间贮存之后，酒体中微量成分的比例和组成发生了变化，使得酒香更为沉稳，酒味更为醇和，酒格更为协调，这样的酒，除了饮用价值，还有着厚重的历史、文化、品味、收藏价值。

历经440余载持续发酵生香的1573国宝窖池群，传承690余年的泸州老窖酒传统酿制技艺，确保了每一滴国窖1573原酒都严格洞藏5年以上，而瓶储的国窖1573老酒更是稀缺珍贵的珍品，成为广大爱酒人士的“心头所好”。

白酒小词典

◎古代的酒

曲糵酿酒的分离与并存（夏商周）

醠 àng 葱白色的浊酒，观之如云雾涌起，是周代“五齐”之“盎齐”。东汉刘熙《释名·释饮食》：“盎齐，盎，滃滃然浊色也。” **鬯 chàng** 香酒，商周时规格级别最高的酒，一般用“卣”盛放。鬯酒独立于周代“五齐三酒”体系之外，按照原料可分为“秬鬯”和“郁鬯”。秬鬯，用黑黍酿制而成，可简单称之为“鬯”，由“鬯人”负责酿制，除了用于宗庙祭祀和天子宴饮，也常作为天子的赏赐之物；郁鬯，在秬鬯的基础上调和郁金香汁，可简单称之为“郁”，由“郁人”负责酿制，主要用于有裸礼的重大宗庙祭祀和“王飨宾客”。 **酤 gū** 一夜酿成的酒。《诗经·商颂·烈祖》中载“既载清酤，赉我思成。” **醪 láo** 汁渣混合的浊酒，用坏饭法酿成。《黄帝内经·素问·汤液醪醴论》：“上古圣人作汤液醪醴。” **醴 lǐ** 经一宿而酿成的甜酒。即周代“五齐”之“醴齐”，是夏商周三代王室日常最主要饮用的酒。《周礼·天官冢宰·酒正》：“辨五齐之名：一曰泛齐，二曰醴齐，三曰盎齐，四曰缇齐，五曰沈齐。”五齐，虽清浊程度不一，但均是未过滤的浊酒。 **醹 rú** 味醇厚的酒。《诗经·大雅·行苇》：“曾孙维主，酒醴维醹。” **醙 sōu** 白色的酒。《仪礼·聘礼》：“醙、黍、清，皆两壶。”北宋朱肱《酒经》：“东汉许慎《说文解字》：‘酒白谓之醙。’醙者，坏饭也，醙者，老也，饭老即坏，饭不坏则酒不甜。” **醍 tǐ** 浅红色的酒，即周代“五齐”之“缇（tí）齐”。因为是谷物酿造的酒，故又作“粢醍”（zī tǐ）。西汉·戴圣《礼记·礼运》：“粢醍在堂，澄酒在下。” **酏 yǐ** 稀粥，周代“六饮”之一。《周礼·天官冢宰·酒正》：“浆人掌共王之六饮，水、浆、醴、凉、医、酏，入于酒府。”另，东汉许慎《说文解字》释义为黍酒。 **醨 lí** 薄酒。战国屈原《楚辞·渔父》：“众人皆醉，何不哺其糟而歠（chuò）其醨？”

酿造酒的辉光（先秦至隋唐）

醲 nóng 气味浓烈的酒。西汉《淮南子·主术训》："肥醲甘脆，非不美也。" **酴醿 tú mí** 重酿的酒，又叫"酴清"。西汉《蜀都赋》："木艾椒蓠，蒟酱酴清。" **酎 zhòu** 经反复多次酿造的醇酒。西汉戴圣《礼记·月令》："（孟夏）是月也，天子饮酎，用礼乐。" **醇 chún** 味浓醇厚的酒。东汉班固《汉书·萧何曹参传》："至者，参辄饮以醇酒。" **醳 yì** 久酿的醇酒，冬酿而春熟。东汉刘熙《释名·释饮食》："醳酒，久酿酉泽也。"汉代人以醳酒比况周代的昔酒。《礼·郊特牲·旧泽之酒也注》："旧醳之酒，谓昔酒也。"昔酒，周代"三清"之一。所谓"三清"，即事酒、昔酒、清酒。三者都是经过过滤的酒，分别按时间短长来命名，事酒，临时酿制而成；昔酒，冬酿春熟；清酒，冬酿夏熟。酿制时间越长，酒味越醇厚，酒色越清澈。**醂làn** 指泛齐。东汉许慎《说文解字》释义："泛齐行酒也。" **酝 yùn** 重酿多次的酒。东汉·张衡《南都赋》："九酝甘美，十旬纯清。" **𨡕 zhī** 指酒。东汉许慎《说文解字》释义："酒也。" **醝 cuó** 白色的酒。西晋张华《轻薄篇》："苍梧竹叶清，宜城九酝醝。"后唐代经学家陆德明以"白醝酒"释名《周礼·天官冢宰·酒正》的"盎齐"。**䣪 huó** 未过滤的酒。东晋葛洪《抱朴子·外篇·百家》："偏嗜酸甜者，莫能赏其味也。"另，作"tián"时，通"甜"，为甘美之意。**醥 piǎo** 清酒。西晋左思《蜀都赋》："觞以清醥，鲜以紫鳞。" **醽醁 líng lù** 绿色的酒，后代指美酒。东晋葛洪《抱朴子·外篇·嘉遁》："藜藿嘉于八珍，寒泉旨于醽醁。" **酠 qiǎ** 苦味的酒。南朝梁顾野王《玉篇·酉部》："酠，苦酒也。" **醀 wéi** 用肉为原料酿制的酒。南朝梁顾野王《玉篇·酉部》："醀，位錐切，音帷。肉酒。" **醭 bào** 一夜酿成的酒。南朝梁顾野王《玉篇》："醭，酒名。"北宋《集韵》释义："一宿酒也。" **醑 xǔ** 指代美酒。东晋谢灵运《夜宿石门诗》："妙物莫为赏，芳醑谁与伐。" **醅 pēi** 未过滤的酒。唐李白《襄阳歌》："遥看汉水鸭头绿，恰似葡萄初酦醅。"酦（pō）醅，重酿未过滤的酒。

蒸馏酒的诞生（宋元明清）

醇 chún 味纯、不掺杂水的的酒。北宋《广韵》释义："纯美酒也。" **酐 hàng** 指苦酒。北宋《广韵·上荡》："酐，苦酒。" **醆 jì** 秫酒。北宋《广韵》释义："秫，酒名。" **䣥 róng** 重酿的酒。北宋《集韵》释义："一曰酒重酿者。" **醈 dàn** 味不浓烈的酒。明代李实《蜀语》："酒、醋味薄曰醈。" **醾 xuè** 苦酒。清代吴任臣《字汇补》释义："苦酒也。"

温酒器

WENJIUQI

鬶 guī

青铜鬶，夏商礼器，形制上继承了原始社会的陶鬶，管状流，一鋬，四袋足，整体形似早期的盉，但与盉不同的是，鬶是封顶的，但留有一方形或圆形的孔；而盉则不封，改用盖。

鐎斗 jiāo dòu

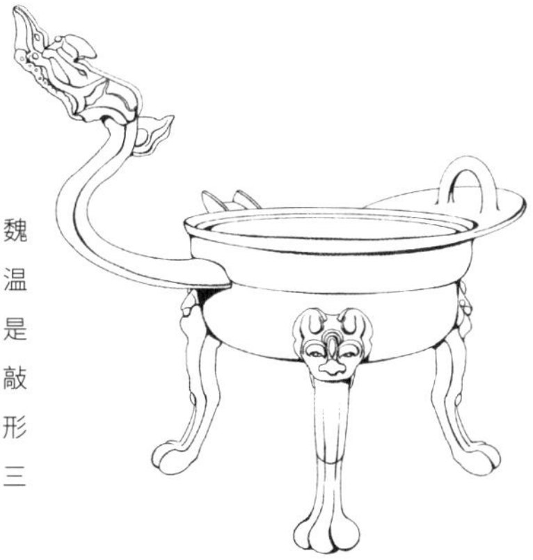

一种流行于两汉魏晋的温器，用来温酒或煮食。另说是用于煮茶，或是敲击警众的器皿。形似带脚的盆，三足，一侧有持柄。

爵 jué / 角 jué / 斝 jiǎ

爵

爵，是商周饮酒器的总名，觚、觯、角、散，皆是爵的一种。专名的“爵”，是夏商周重要的青铜礼器，有温酒功能。因形似雀，故而古时“雀”与“爵”字相通。早期的爵，长流，细长尖尾，一侧有鋬（pàn，握柄），上有二柱，下有三锥形足（一足位于鋬下），细高腹身，有出烟孔，方便加热。随着爵的功能由礼器向饮酒器转变，爵的制式也随之变得更加符合人的饮用习惯，逐渐演变为短流、短圆尾、短足、矮腹的“爵杯”；纹饰、工艺也日趋精美繁复，审美性加强。周代建立起以“爵”为核心的饮酒制度，《周礼·考工记·梓人》引《韩诗》云：“一升曰爵，二升曰觚，三升曰觯，四升曰角，五升曰散。”爵，容量最小，地位最尊。

角

角，温酒礼器，兼饮酒之用，出现于夏朝，盛行于商晚期至西周早期。形似爵，但无流无柱，多为V字口，两翼尖尾如鸟翅。杯腹以圆底居多，三锥形足。角，是宗庙祭祀用的卑爵，《礼记·礼器》：“宗庙之祭，尊者举觯，卑者举角。”

斝

斝，用于祼礼的温酒器，也作饮酒器，后世也用作茶器。形似爵，但比爵稍大，且无流无尾，侈口（即广口，呈喇叭状），口沿有二柱，一侧置鋬，有三足（常见锥形足，也有袋足或柱足）。

飲酒器

YINJIUQI

桮 bēi / 卮 zhī

桮，即“杯”。青铜杯主要有三种形制，分别为圆体执杯、无耳杯、椭杯。

圆体执杯

圆体执杯，形似矮小的觚，单耳或双耳，但其鋬大，鋬的高度与杯身相当。**无耳杯**，形似矮小且平底的觚，或见于高足杯。**椭杯**，即我们常说的“耳杯”（或称为“羽觞”“羽杯”），双耳，平底或圈足，因形似小船，又被称为“舟”，盛行于春秋战国时期，秦汉时被漆制耳杯取代。

无耳杯

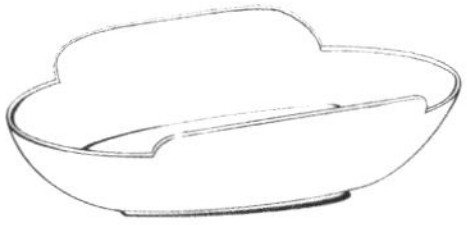
椭杯

卮，形似圆体执杯，圆筒状，一侧有鋬，一般有三小足，大多带盖。

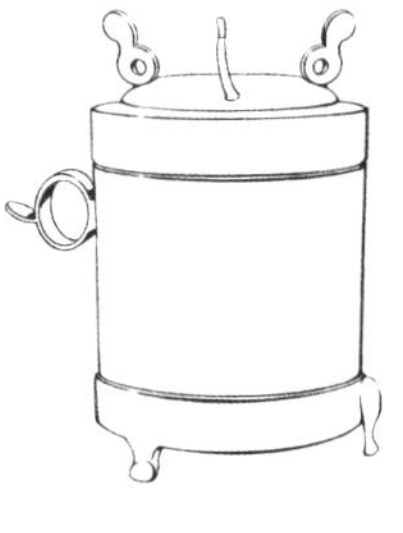
卮

觚 gū

饮酒礼器。西周中后期，青铜觚开始没落，逐渐被漆木觚取代。常见器型形似喇叭，高体，侈口，圈足，束腰，口比足大，足高约占器身三分之一。

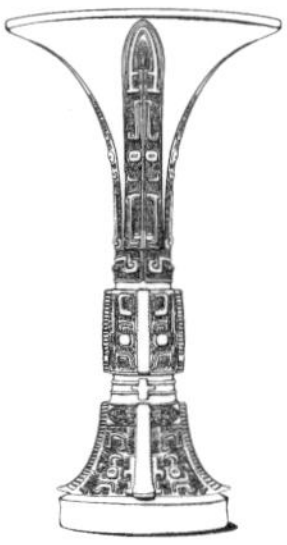

觯 zhì / 鍴duān / 觛 dàn

觯，礼器，为饮酒之杯，有扁体觯与圆体觯之分。扁体觯形似尊，但比尊小，圆腹，侈口，圈足，大多有盖；圆体觯形似觚，但圈足高度更低，腹略鼓。圆体觯又叫“鍴”，小型的圆觯则叫“觛”；有自铭的觯，多为方体，为与一般的觯相区别，又叫“饮壶”。

圆体觯

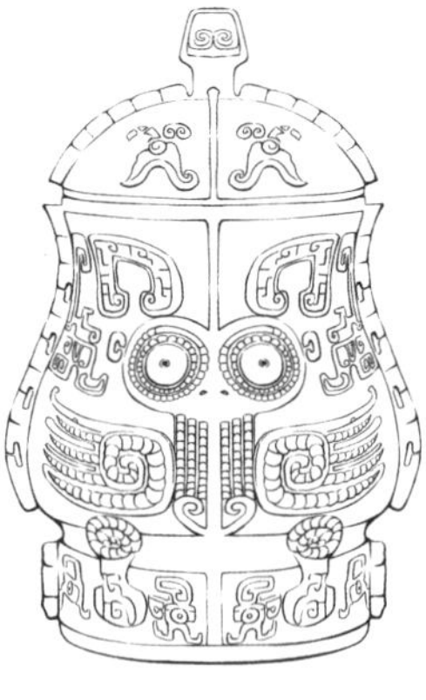
扁体觯

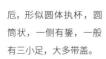

盛酒器

CHENGJIUQI

甔 dān

为大容量瓶型酒器，整体浑圆，敛口，大腹，平底或极浅的圈足，多见于春秋战国时期。

瓮 wèng / 甂 biān / 瓿 bù

“瓮”与“瓿”是同类型的器物，敛口而大腹，但容量大小不同。青铜瓮的容量与罍相当，容量小的可以称之为“瓿”或“甂”。《说文·瓦部》：“瓿，甂也，从瓦音声。”可见，瓿就是甂。甂，某种意义上可看作是“罍”的前身，因为甂仅存在于商代，并伴随罍的普遍使用而消亡。瓿虽与甂相仿，甚至可以看作同一种器物，但“瓿”的说法多见于汉代以后，先秦经籍中尚没有“瓿”字。

缶 fǒu

这里仅指盛酒的“尊缶”，而非盛水的“盥缶”。青铜尊缶敛口、广肩、有盖，与“瓮”是同类型的酒器，其形制承袭陶缶，常带有自名，盛行于春秋中期。

鏦 cóng

春秋战国时期的一种瓶型盛酒器，瓶体偏大，形体主要为方扁体和椭扁体。

觥 gōng

盛行于商晚期至西周早期。器身为椭圆体、长方体或鸟兽形，其足有圈足、三足或四足。其最大的特点是鸟兽形的盖，也有酒器整体做成动物状的。应注意与牺尊、鸟兽形卣的区别，觥有流和鋬，流位于兽形的颈部；而牺尊无流无鋬，其盖非鸟兽形；若在牺尊的器体上多了提梁，便成了鸟兽形卣。

壶 hú / 钫 fāng / 钟 zhōng

青铜壶有酒器与盥器之分，此处仅指盛酒之壶。青铜壶器型多样，有瓠壶、圆壶、方壶、扁壶等样式，但总体而言，一般都有盖，两侧有系，腹部大而鼓。与现代的茶壶不同，相对而言，青铜壶大多无壶嘴。钫、钟同属于壶类酒器。钟，形似圆形壶，喜腹，圈足，有盖；钫为方形的钟。

壶

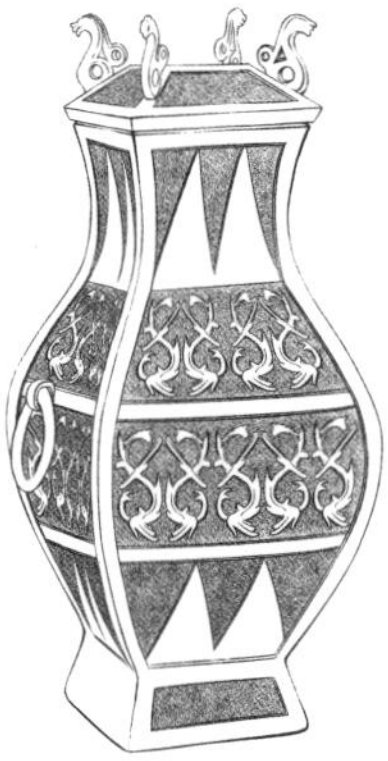

钫

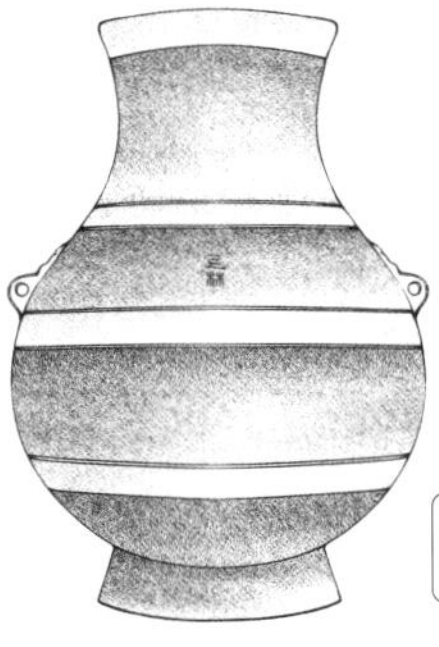

钟

榼 kē

青铜榼主要出现于春秋战国时期，是形似盒子之类的酒器，《左传·成公十六年》便记载："使行人执榼承饮，造于子重。"而人们对榼的熟知，大概源于白居易"何如家酝双鱼榼，雪夜花时长在前"一诗。唐代流行双鱼榼，其材质已改为瓷，纹饰更精美，其形似壶，双鱼相合成器身，小口，高圈足，有盖。

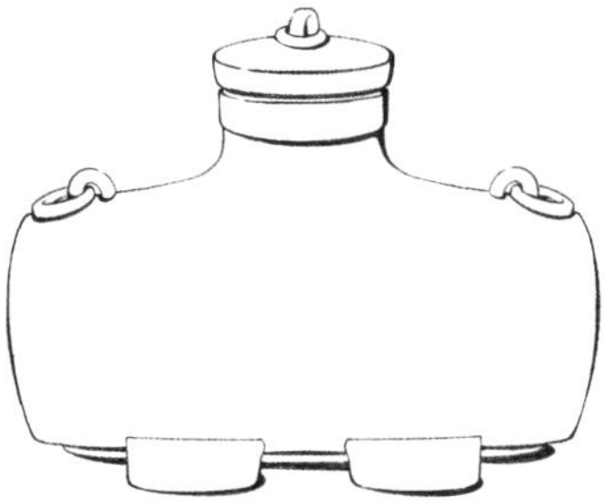

罍 léi/㽋 líng

青铜罍，大型酒器，见于商晚期，可做礼器，略小于彝，有方形、圆形之别，口小而腹丰，圈足或平底。肩部为圆肩或广肩，肩上有耳，耳下侧带穿鼻。

青铜瓿，小口大腹的酒器，细颈，斜折肩，盛行于西周晚期至春秋，是“罍”的演变，随罍的消亡而兴起，后又被“缶”取代。与“罍”的区别在于罍有三耳，而瓿仅有肩上两耳。

彝 yí

可泛指古代宗庙祭器，宋以后称之为“方彝”，有高体矮体、直壁曲壁之别。其器体长而方，有4条或8条楞背；其盖如屋顶；圈足，足的每一条边的中央都留有缺口。

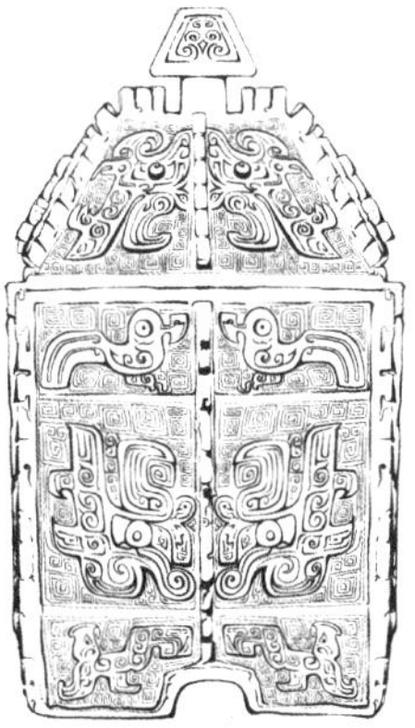

卣 yǒu

商周时专盛“鬯”酒的容器，形似提壶，有盖和提梁，但无流，椭圆口，深腹，圈足，腹部形态多样。商代的卣多为扁圆体卣，也有圆体卣、筒形卣、方卣和鸟兽形卣。

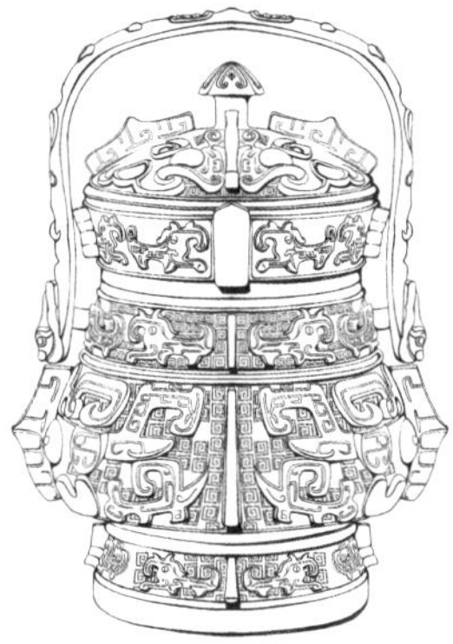

尊 zūn

祭祀礼器，大中型盛酒器，按照形体，主要分为有肩大口尊、觚形尊、鸟兽尊。当与“彝”连用，作“尊彝”时，为商周祭祀礼器的共名。有肩大口尊，形似坛，大敞口，圈足，有肩有颈，常见高体，亦有矮体，常饰有动物形象。觚形尊，又叫大口筒形尊，早期形似觚，但比觚更粗，及至春秋晚期，复兴出一种粗体鼓腹的觚形尊。鸟兽尊，即我们常听到的“牺尊”，是三种尊里纹饰最繁复的尊，其造型具有明显的雕塑特点，常见的造型有牛尊、犀尊、羊尊、象尊、鸮尊等。

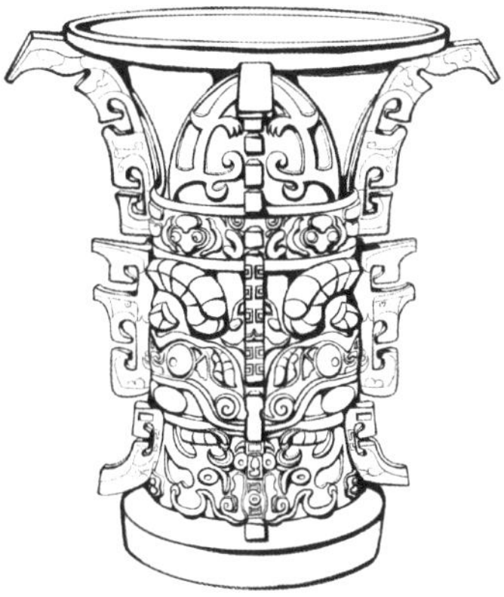

挹酒器

YIJIUQI

枓 dǒu / 勺 sháo

枓，以北斗七星为形，曲柄，柄头端有小杯，柄后尾宽大。勺与枓为商周时期同一类酒器，区别在于勺为直柄尖尾（部分尾部饰有兽头），枓为曲柄宽尾。

从盛酒器中取酒，注入温酒器或饮酒器中。一般为短圆筒形，柄或直或曲，出土物多为商朝时期。

枓

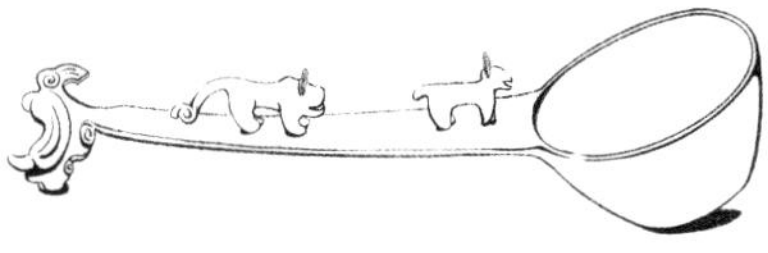

勺

調酒器

TIAOJIUQI

盉 hé

多为敛口，大腹，长流，有鋬、盖，三足或四足。盉里盛“玄酒”（水），与酒器配套使用，以调和酒味浓淡；若与盘组合使用，则成了盥器。常见的盉并不具备温酒功能，唯有早期的袋足盉，具有温酒之用。

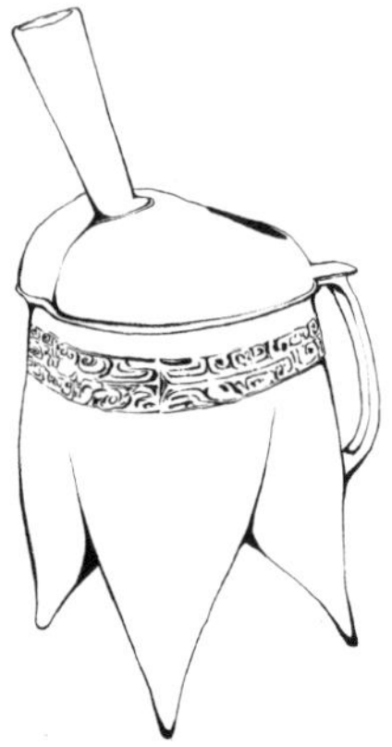

禁酒器

JINJIUQI

禁 jìn

礼器，承放酒尊的器座，形制为正方体或长方体，有足为“禁”，无足为“斯禁”。禁，为周王朝因夏、商亡于沉湎酒色而创制，告诫群臣饮酒有礼，禁止滥饮。

◎当代白酒酒标识别

以国窖1573为示例

核心信息

- **食品名称**：标注产品全称
- **注册商标**：在品牌名的右上角或右下角标注“®”符号
- **香型**
- **酒精度**：以%vol为单位
- **规格（净含量）**：数字前常有“C”字标识，以表示足量
- **原料与配料**：纯粮酿造的固态法白酒，原料只显示粮食和水
- **产品执行标准（等级）**：可以此鉴别酒的质量和酿造方式
- **食品生产许可证编号**：由“SC”加14位阿拉伯数字组成

其他信息

- **贮存条件**
- **生产日期及批号**：通常在瓶盖、盒身或盒顶
- **产地**：一般至少标注到地市级地域
- **电话**
- **厂址**
- **商品条码**：世界通行的商品身份证
- **警示语**：一般为“过量饮酒，有害健康”
- **官方网址**

泸州老窖文化大事记

2008年

- 首开以民间祭祀酿酒先祖的传统文化为基础的白酒祭祀典仪活动——“泸州老窖·国窖1573封藏大典”。
- 首届泸州酒博会——“中国酒城·泸州2008酒类博览会”。

2009年

- “泸州老窖·国窖1573”首创白酒冰饮风尚，开启“12°C的奢华”。

2011年

- 首届“泸州高粱红了”文化采风活动。

2013年

- 继1996年“1573国宝窖池群”被国务院颁布为“全国重点文物保护单位”，2006年泸州老窖酒传统酿制技艺入选首批“国家级非物质文化遗产名录”后，泸州老窖1619口百年以上酿酒窖池、16个酿酒古作坊及三大天然藏酒洞，一并入选“全国重点文物保护单位”，成为行业内规模大、品种多、保护完整、连续使用至今的“酿酒活态文物”。

2014年

- “中国国际酒业博览会”会址永久落户四川泸州。

2016年

- 首开中国高端白酒鉴赏级文化品鉴盛宴“国窖1573·七星盛宴”。
- “国窖1573·酒香堂”中国白酒文化互动品鉴分享之旅正式启动。

2017年

- “泸州老窖·国窖1573”携手大型民族舞剧《孔子》同庆香港回归20周年。
- “泸州老窖·国窖1573‘让世界品味中国’全球文化之旅”（纽约之夜、布鲁塞尔中欧论坛中法之夜、香港回归20周年文化晚宴、俄罗斯《蔡国强：十月》艺术展、北美办事处成立暨好莱坞之夜、东非行等）。
- 第一届“国际诗酒文化大会暨中国酒城·泸州老窖文化艺术周”。

2018年

- “泸州老窖·国窖1573封藏大典”首登北京太庙。
- 国窖1573成为进入“2018俄罗斯世界杯”官方款待包厢唯一中国白酒品牌。
- 泸州老窖成为“澳大利亚网球公开赛”全球唯一白酒合作伙伴，创新澳网主题系列中式特调酒。
- 泸州老窖特曲“浓香正宗 中国味道”中华美食群英榜全国启动。
- 泸州老窖与北京工商大学孙宝国院士团队合作项目在世界顶级学术期刊——美国化学学会期刊发表封面论文“Characterization of 3Methylindole as a Source of a ‘Mud’-like Off-Odor in Strong-Aroma Types of Base Baijiu”。

2019年

- 《国酒》首发仪式暨《泸州老窖大曲酒》出版60周年纪念活动。
- “泸州老窖·国窖1573”联合《时尚先生 Esquire》，开启2019“冰·JOYS/先生狂想”快闪活动。

2020年

- “泸州老窖·国窖1573封藏大典”开启崭新纪年，首次线上开启“万人云封藏”活动。
- “泸州老窖·国窖1573×谭盾《敦煌·慈悲颂》2020巡演”启动。
- “2020泸州老窖·国窖1573七星盛宴”，正式升级为“七星盛宴·筵”。
- 百年泸州老窖“窖龄研酒所”快闪店，以潮流、前卫的互动方式，引领年轻消费者探秘中国白酒“窖龄”奥秘，展示百年品牌文化的内涵。

泸州老窖品鉴技艺知识产权集锦

文字版权

- 泸州老窖品鉴技艺之五感鉴证法及五步品酒法
- 泸州老窖品鉴技艺之数字密码与五感PPT
- 泸州老窖品鉴技艺之酒席
- 泸州老窖品鉴技艺之神龙十八式(含简版神龙五式、神龙九式)
- 泸州老窖品鉴技艺之美酒DIY讲解词
- 泸州老窖品鉴技艺之点滴艺术
- 泸州老窖品鉴技艺之“五行入酒”品鉴词
- 2019年七星盛宴讲解词
- 酒香堂讲解词
- 国窖1573七星盛宴

外观专利

- 泸州老窖DIY互动酒具
- 泸州老窖品鉴技艺之竹木版品鉴酒具
- 泸州老窖品鉴技艺之品鉴师服装
- 澳网熊猫预调酒(瓶子、带子、熊猫、吸管)

商标专利

- “国窖1573酒香堂”和“泸州老窖酒香堂”

参考文献

①李泽厚.美的历程（修订彩图版）[M].天津：天津社会科学院出版社，2002.

②（日）宫崎正盛.酒杯里的世界史[M].陈柏瑶，译.北京：中信出版社，2018.

③李登年.中国古代筵席[M].南京：江苏人民出版社，1996.

④马承源主编.中国青铜器（修订本）[M].上海：上海古籍出版社，2003.

⑤中央美术学院美术史系中国美术史研究室.中国美术简史（增订本）[M].北京：中国青年出版社，2002.

⑥陈君慧主编.中华酒典[M].哈尔滨：黑龙江科学技术出版社，2012.

⑦日本成美堂编辑部.洋酒品鉴大全[M].高岚，译.北京：中国民族摄影艺术出版社，2014.

⑧王雪萍.《周礼》饮食制度研究[D].扬州：扬州大学，2007.

寄语

在源远流长的中华文明历史长河中，酒是一种具有独特意义的物质存在，它不仅是中华饮食文化的重要组成，更与人类生活中的情感表达紧密联系。同时，作为一种生活中不可或缺的嗜好性消费品，酒具有精神和物质的双重属性，因此，白酒生产企业应当高度重视和不断强化与广大消费者的沟通、交流与互动，与时俱进地宣传酿酒工艺技术、普及提高酒体质量鉴别知识、推广健康理性饮酒方式，不断丰富新时代酒文化的科学内涵，服务于人民对美好生活的向往。

作为一家具有悠久历史和深厚积淀的白酒骨干企业，泸州老窖的专业技术人员，认真编撰这部以白酒感官品鉴知识为主的科普著作，力图以白酒品鉴为出发点，传播科学的饮酒文化，构建新型的白酒审美与互动体验，这是一项非常有意义的工作。

面对新消费时代，在“供给侧”要立足于推动实现高质量发展，在“需求端”应始终坚持“以人为本”，全面满足消费者关切，关注消费者本体的“直觉”，构建立体、趣味、互动的消费场景，让消费者获得快乐、愉悦和享受。

本书生动展示了泸州老窖在酒文化传承与白酒品鉴创新方面的技术成果，既有文化源流、酿造科学的溯源与解读，又有白酒品鉴、品饮审美的创新与实践，还增加了以中式特调酒、酒席艺术为代表的白酒品鉴行为新探索，丰富了传统酒文化的新内涵，值得酒业同行以及更多热爱中国白酒文化的大众共同分享、交流和探讨。

民以食为天，食品工业是我国国民经济的支柱产业和保障民生的基础产业。作为食品工业的重要组成部分，中国白酒产业应当在充分继承和弘扬民族传统饮食文化的基础上，坚定文化自信，坚持创新发展，为坚定不移地建设质量强国、制造强国、人才强国、文化强国等做出积极贡献，助力我国从食品大国走向食品强国！

中国食品工业协会副会长兼秘书长 馬勇

2021年1月15日